JN306988

植物はなぜ動かないのか

弱くて強い植物のはなし

稲垣栄洋 Inagaki Hidehiro

★──ちくまプリマー新書
252

本文・帯イラスト　亀田伊都子

目次 ＊ Contents

はじめに

「強さ」とは何か？

これが本書の大きなテーマである。

筋肉むきむきで、けんかに負けないことも強さだが、じっと歯を食いしばって耐え抜く強さもある。いやなことを毎日コツコツとやり続けるというのも強さだ。

生物もまた、さまざまな強さを持っている。

植物は、どうだろう。

植物は、動かない。目も耳もないし、手足もない。私たちのように考えたり、話したりすることもできない。それでは、植物は劣った生き物なのだろうか。

植物はさまざまな生き物の餌になる。草食動物は、植物の葉を餌にしている。根っこを掘って食べる動物もある。小さな芋虫やバッタなども、植物をむさぼり食べている。あののろまなカタツムリさえも、葉っぱを食べているくらいだ。食べられ放題の植物は、か弱い存在に過ぎないのだろうか。

植物は、何気なく生えているような気がするかもしれないが、この自然界を生きるために、さまざまな生きる知恵や工夫を発達させている。植物は、鋭い牙や爪を持っているわけではないので、強そうなイメージはないかも知れないが、植物は、この自然界を強く生き抜いている。

「弱くて強い」

これが植物という生き物の姿だろう。本書では、「強さとは何か」をテーマに、そんな植物の生き方を探ってみたいと思う。

本書は、中高生や学生の皆さん向けに、わかりやすく植物の話を書いてほしいという企画を受けて、書き下ろしたものである。

理科が苦手な若い皆さんの中には、植物学というと無味乾燥で、面白味がないと思ってしまう方も多いかもしれないが、植物の生き方というのは、じつにダイナミックである。ぜひ、理科の教科書の裏側にある、植物たちの生きるドラマを感じてほしい。もちろん、すでに学校を卒業した大人の皆さんにも、読んでいただける内容である。学校で理科が好きだった人も嫌いだった人も、ときに植物たちの激しい生き方に驚嘆し、目を見張ることだろう。人生経験を経た読者の皆さんは、植物の生き方に共感したり、自らの人生を重ね合わせることがあるかもしれない。古今東西の偉人たちも、そうやって人生の真理を植物にたとえてきたのだ。

「強さ」とは、いったい何なのだろう。

それでは、弱くて強い植物の世界を覗《のぞ》き見てみることにしよう。

第一章　植物はどうして動かないのか？――弱くて強い植物という生き方

植物は動かない。

私たち人間のように、歩き回ったり、走ったりすることもないし、食事もしない。どうして植物は動かないのだろうか？

その答えを植物に聞いてみたら、植物はきっとこう答えるだろう。

「どうして、人間はあんなに動かなければ生きていけないのだろう。」

植物は動く必要がない。だから動かずに生きている。一方、動物は、その名のとおり動かなければ生きていくことができない。だから動き回っている。それだけのことだ。

それにしても、植物の生き方は、人間も含む動物の生き方とはずいぶん異なる。植物とはいったい、どのような生き物なのだろう。

人間こそ奇妙な生き物

私たち人間は、万物の霊長と言われる。そのせいか、人間を基準にして、他の生物の生き方を見てしまいがちである。そして、人間に近い生き物を「高度な生き物」として大切にしたり、人間とあまりに違う生き方をしている生き物を「下等な生き物」としてさげすんだりしてしまうのだ。

しかし、すべての生物が、この世の中を生き抜くように高度な進化を遂げている。

たとえば、人間にとって脳は一つしかないものと決まっているが、昆虫は一つではなく、複数の脳を持っている。そして、その脳をそれぞれの足の付け根に配置しているのである。

そのため、昆虫は刺激を受けると、すぐに行動に移ることができる。ゴキブリを叩《たた》こうとスリッパを振り上げると、ゴキブリはその空気の振動を察知して、すぐに逃げ出すことができる。

人間のように感覚器官で得たすべての情報を、脳という高度に発達した情報システムに集めて、判断する方法も、一つの進化の例に過ぎない。もし、ゴキブリが人間と同じように高度な脳を発達させて、危機が迫っているのか否か、逃げるべきか逃げざるべきかと、熟考していたら、簡単にスリッパにつぶされてしまうことだろう。

あるいは、ミツバチは人間には見えない紫外線を見ることができる。どうして見えるのかと問えば、人間はどうしてこの色が見えないのかとミツバチに聞かれるだろう。コウモリは人間には聞こえない超音波を聞くことができる。超音波が聞こえるとはどのような感覚なのかと問えば、超音波が聞こえない世界はどのようなものなのかと質問されるだろう。

何も人間の生き方が当たり前ということではない。むしろ、生き物たちに言わせれば、余計なことに頭ばかり使っている人間のような生き方こそが珍しいかも知れないのである。

植物は下等なのか？

古代ギリシアの哲学者アリストテレスは、自然界には階層があり、無機物の上に植物があり、植物の上に動物があり、動物の上に人間があると考えた。つまり、生物の世界では最下層に植物があり、頂点に人間があるとしたのである。

仏教の世界では、殺生を禁じているので、動物の肉を食べることは禁止されている。ただし、肉食を禁止されているはずの仏僧も、米や野菜は食べていた。もちろん、植物も食べることまで禁忌とされれば、もはや人間は生きていくことはできないが、米や野菜の命を奪うことは殺生とは見なされなかったのである。

植物も、命ある生物である。

すべての生物は自然界を生き抜くために、さまざまな進化を遂げ、高度な仕組みを発達させている。それは植物も同じである。

植物はただ、なんとなく生えているように思えるかも知れないが、植物も厳しい環境を生き抜くために、高度な仕組みを発達させている。植物は、何とも平和的で穏やかな暮らしをしているように見えるかも知れないが、植物も日々、厳しい生存競争にさらされている。群雄割拠な植物たちがひしめきあって光を奪い合い、生存空間を奪い合う競争の厳しさは、現代人の競争社会の比ではない。

植物にとっても、生きていくということは、とても大変なことなのだ。

そして、今を生き抜いている植物は、すべて生存競争を勝ち抜いてきたものばかりだ。そうだとすれば、何気なく生えている植物の暮らしにも、厳しい環境を生き抜き、競争を勝ち抜く、さまざまな生きる工夫や仕組みがあるはずなのである。

植物と人間の共通の祖先

お彼岸には、祖先を供養するためにお墓参りをする。

あなたの祖先をたどってみると、どこまで遡れるだろうか。三代前は、もうわからないという方もいるだろうし、十代以上も家系が遡れる方もいるだろう。あなたの祖先が何代前まで、何年前まで遡れるかはわからないが、数十万年前までたどっていくと、人類は共通の祖先にたどりつくだろう。そして、二〇〇万年も遡れば、原人も含めたヒト属の祖先に行き着く。もっと遡れば、人類は、チンパンジーやオランウータンなど類人猿と共通の祖先を持ち、類人猿と親戚どうしであることがわかるだろう。

類人猿は小さなサルから進化を遂げたし、サルも含めた哺乳類の祖先は、現代のネズミのような小さな生物であったと考えられている。

この哺乳類は爬虫類《はちゆうるい》の一部から進化したとされている。そして遡れば爬虫類は両生類から進化をし、両生類は魚類から進化した。四億年あまり昔の古生代シルル紀にまで先祖をたどれば、人間もすべての動物も、鳥もトカゲもカエルも魚も、皆、同じ祖先に遡ることができるのである。

まだまだ祖先をたどってみよう。さらに遡って六億年も昔になれば、私たち脊椎動物の祖先と、昆虫たち節足動物の祖先は共通になる。

こうして辿《たど》って行けば、ついには私たち動物も植物も同じ祖先に辿りつく。考えてみれば、植物も、私たちと同じ祖先を持つ親戚のようなものなのだ。
はるか昔にまで思いを馳《は》せれば、私たちはお墓参りで、すべての生物の祖先に手を合わせなければいけないのである。

植物の誕生

植物と人間は親戚どうしとは言っても、私たちはずいぶん昔に、その袂《たもと》を分かってきた。今となっては、植物という生き物は、人間の生き方とはあまりにかけ離れている。植物は、動物のように動き回ることなく、地面に根を張り、餌を探すこともなく、根から水や養分を吸い、光を浴びることで生きていくことができる。どうして植物はこんなにも奇妙な生き方をしているのだろうか。

奇妙な生物である「植物」の進化を見ていくことにしよう。

地球に生命が生まれたのは、三八億年前。その頃には、動物と植物の区別はなかった。植物が植物たるゆえんは、光合成を行うことにある。つまり、細胞の中に葉緑体があるのである。

それでは、植物細胞の中の細胞内器官である葉緑体は、どのようにして作られたのだろうか。

じつは、葉緑体はもともと、独立した生物であった。これは、生物学者のマーギュリスが提唱した「細胞内共生説」である。葉緑体は、細胞の中で独立したＤＮＡを持ち、自ら増殖していく。そのため、光合成を行う単細胞生物が、他の大きな単細胞生物に取り込まれて、共生していくうちに、細胞内器官となったと考えられているのである。

それでは、どのようにして光合成を行う単細胞生物と、大きな単細胞生物との共生が始まったのだろうか。そんな昔のことは、もはや推察するしかない。しかし、現在でもアメーバのような単細胞生物は、餌となる単細胞生物を細胞内に取り込んで、消化する。そのため、最初に大きな単細胞生物が、葉緑体となるバクテリアを取り込んだと考えられている。しかし、このバクテリアは消化されることなく、その細胞の中で暮らすことになったのだ。

共に暮らすことで、単細胞生物は、葉緑体となるバクテリアから栄養分をもらうことができるし、取り込まれたバクテリアもまた光合成では作りだせない無機塩等を単細胞生物からもらうことができる。こうして、共に利益のある共生関係が作られたのである。

それにしても、植物細胞も、祖先は活発に動き回り他の生物を捕えて食べていたことには驚かされる。それが、光合成を行う葉緑体を手に入れたことによって、だんだんと動かなくてもよくなったのである。

細胞内器官として、酸素呼吸をしてエネルギーを生み出すミトコンドリアも、葉緑体と同じようにして細胞内に取り込まれたと考えられている。

ただし、ミトコンドリアは植物細胞だけでなく、動物細胞にもある。つまり、ある単細胞生物がミトコンドリアと先に共生をしていて、その後、一部の細胞が、さらに葉緑体となるバクテリアを取り込むことによって動物の祖先と袂を分かち、植物の祖先になったと考えられているのである。

細胞内共生説を彷彿《ほうふつ》とさせるような共生は、現在でも見られる。

たとえば、ミドリアメーバと呼ばれるアメーバの仲間も、体の中に葉緑体を行うクロレラを共生させている。また、コンボルータと呼ばれる扁形《へんけい》動物は体内に藻類を共生させている。そして、光合成から得られた栄養分を利用して暮らしているのだ。

ゴクラクミドリガイと呼ばれるウミウシの仲間も、奇妙な生き物である。このウミウシは、エサとして食べた藻類に含まれていた葉緑体を体内に取り入れ、その葉緑体を働かせて、栄養を得ているのである。

そういえば、人間も口から体内に入った無数の腸内細菌と共生している。

食べたものと共生するというのは、そんなに珍しいことではないのだ。

動物と植物の間の生物

動物と植物とは、まったく相容れない別の生物であるというイメージがあるかも知れない。しかし、そうとばかりは言い切れない。動物と植物の狭間《はざま》にあるような生き物も存在するのである。

最近、ユーグレナという健康食品を耳にするようになった。ユーグレナは和名をミドリムシという単細胞生物である。

ミドリムシは奇妙なことに、動物図鑑にも名前が記載されるし、植物図鑑にも名前が記載される。ミドリムシはその名のとおり、葉緑体を持ち、緑色をしている。葉緑体を持つというのは、植物の特徴である。ところが、このミドリムシは、鞭毛《べんもう》を持ち、泳ぎ回る。この動き回る点は動物である。つまり、ミドリムシは植物の性質と動物の性質を併せ持っているのである。

ミドリムシの進化は明らかではない。しかし、鞭毛を持つ生物が、葉緑体となるバクテリアと共生することで進化を遂げたと考えられる。実際に、ミドリムシの仲間の中には、葉緑

ゴクラク
ミドリガイ

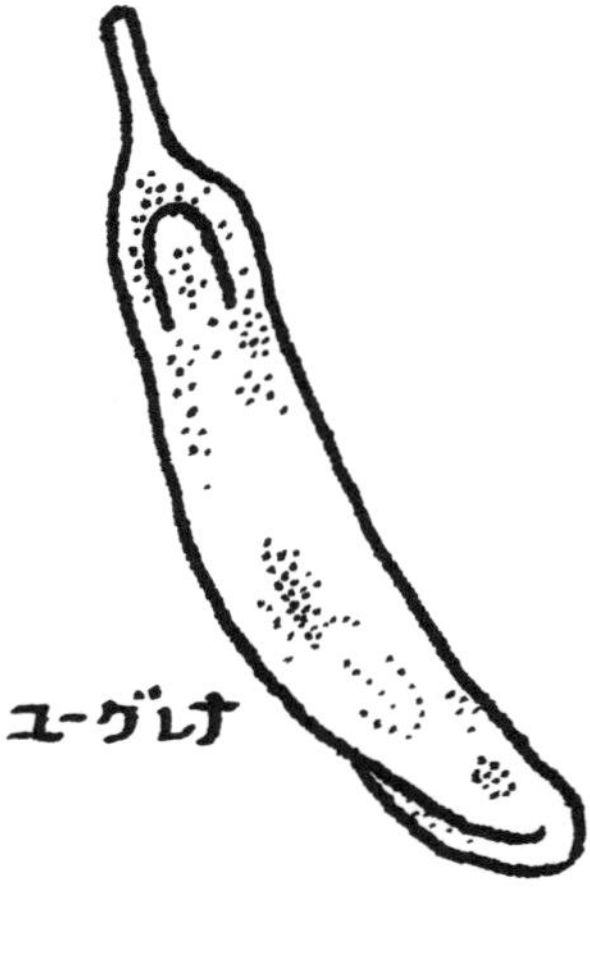
ユーグレナ

体を持たない種類もある。

「ハテナ」という生き物

「?（クエスチョンマーク）」は日本語では、「はてな」と読む。

この「はてな」という名前の生物がいるのをご存知だろうか。ハテナは、不思議な生物である。何しろ動物から植物へと変化を遂げてしまうのだ。

この生物が発見されたのは、二〇〇〇年のことである。あまりに不思議なので、「はてな」という愛称で呼ばれていた。それが、そのまま正式な生物名になってしまったのである。日本語名だけでなく、学名も「*Hatena arenicola*」で「ハテナ」が属名になっている。

ハテナは単細胞生物で、鞭毛を持って動き回る動物である。ところが、体は緑色で葉緑体を持っているように見える。じつは、ハテナは体内に緑藻類を共生させているのである。そして緑藻類が光合成で生産した栄養分で生活しているのである。

ハテナの不思議なのは細胞分裂である。細胞分裂をすると、分裂した片方は、緑藻類を体内に持つが、もう片方は緑藻類を持たないので栄養分を得ることができない。すると、緑藻類を持たない方は、捕食のための口を持ち、エサを食べるようになるのである。

このような細胞分裂では、ハテナの半分は緑藻類を持たないことになるが、実際には、ほとんどのハテナは緑藻類と共生している。つまり、緑藻類を持たないハテナは、緑藻類を捕食し、体内に取り込んで緑藻類との共生を始めると考えられているのである。

このことから、ハテナは植物が葉緑体と共生している進化の途中段階にある生き物であると考えられている。

それにしても、ハテナは植物的な生き方と、動物的な生き方とをしているから、本当に不思議な生き物である。本当は、私たち人間が思うほど、植物と動物とは、大きく違わないのかも知れない。

「分類」は人間が決めたもの

日本には四七の都道府県があるが、地面の上に県境が引かれているわけではない。都道府県の境は、地図の上で人間が決めたものである。

富士山のすそ野は、どこまでも広がって

いる。一体、どこまでが富士山なのだろうか。明確な境界があるわけではないから、日本全体が富士山とも言えるし、富士山と言う実体などないのだとも言える。

本当は、自然界にあるものに一切の境はない。境目というのは、分類し、理解をするために人間が勝手に定めたに過ぎないのである。

野菜と呼ばれる植物があるが、スイカやイチゴが野菜になるか、果物になるかは、国によって異なる。アメリカではトマトが野菜か果物かで裁判が行われたくらいだ。野菜という明確なグループが存在するわけではなく、人間が野菜という範囲を決めているに過ぎないのだ。

イルカとクジラは、単に大きさが三メートルよりも小さい種類をイルカ、三メートルよりも大きい種類をクジラと呼んでいる。生物学的にイルカとクジラの明確な違いがあるわけではないが、人間が勝手に線引きをしているのである。このような人間が勝手に定義づけて分類しているものを「人為的分類」という。

しかし、イルカとタンポポは、明らかに違う。このように、自然界にあるように見える分類を「系統分類」という。

自然界には知られているだけで二〇〇万種もの生物がいる。この無数にいる生物を、「分類学の父」と呼ばれる一八世紀の博物学者リンネは、まず線を引いて、植物界と動物界の二つに分けた。これを二界説という。ところが、やがて微生物がたくさん見つかってくると、原生生物を加えて三界説が唱えられた。

生物の世界を、どのように区分すべきか。驚くことに科学技術が進んだ現代においても、その分類方法が確定しているわけではない。

しかし、それもやむを得ない話である。東北と九州が明らかに違っても、日本列島には何の境界線も引かれていないように、イルカとタンポポが明らかに違っても、生物の世界にも明確な境界があるわけではない。

自然界は何の境界もないボーダレスの世界である。しかし、知能で情報を整理する人間は、境界を作って区別しないと理解できないので、線を引いているのである。系統分類とはいっても、所詮は、人間が自分たちのために作った分類に過ぎない。

イルカは哺乳類らしくしなければならないというルールはないし、将来にわたってどのように進化するかはまったくの自由である。動物と植物はまったく別の生き物のようだが、たまたま動物に進化したり、植物に進化したりしただけのことで、そもそも生物としての基本的なことはあまり違っていないのかも知れない。植物と動物の特徴を併せ持つミドリムシは奇妙な生物と言われているが、人間の決めたルールに合わないというだけで、ミドリムシにとってはそれが当たり前の進化だったのだ。

リンネが作った分類

分類学の父とされるリンネは、生物の世界を階層に分けて分類することを考えた。

たとえば、郵便は、「都道府県」「市区町村」「字」「番地」と徐々に細かく仕分けしていくことによって、間違うことなく、私たちの家にたどりつく。

同じように、大きなグループから徐々に小さなグループに分けていくことによって、生物を分類しようと考えたのである。

現在では、生物の分類は「ドメイン、界、門、綱、目、科、属、種」の八段階で行われる。たとえば、ライオンは真核生物ドメイン、動物界、脊椎動物門、哺乳綱、食肉目、ネコ科、ヒョウ属に分類される。

このうち、リンネは似通った種のグループである属名と、種の名前を列記することで、種の学名とすることを提案した。これは属名と種名の二つから表すので、「二名法」と呼ばれている。

たとえば、ライオンは学名を *Panthera leo*（パンテラ・レオ）という。二つある言葉のうち、前半が属名で、後半を種小名と言う。パンテラ属は、日本語ではヒョウ属という。つまり、ヒョウ属の中のレオと呼ばれる生物がライオンなのである。

植物の例では、ヒマワリは学名を *Helianthus annuus*（ヘリアンサス・アニュス）と言う。つまり「ヘリアンサス属」の仲間の「アニュス」であるということになる。

これは私たちの名前を苗字と名前で表すのによく似ている。たとえば、「山田太郎」という氏名が、「山田」という一族の「太郎」であることを表しているのと同じである。ただし、山田太郎は同姓同名がいるかも知れないが、学名は必ず一種につき、一つつけられていて、同じ学名が重複することはない。

リンネ

ちなみに学名は、ラテン語で表される。リンネはスウェーデン出身だが、自国の言葉ではなく、ラテン語で表そうと決めたところが、リンネのすごいところである。
リンネがラテン語を採用したのには理由がある。

ラテン語は、口語として使う人がいない。そのため、世界中の人が使うのにフェアであるというのが、一つ目の理由である。そして、日本語でもそうだが、使われている言語は時代によって変化していってしまう。ラテン語は話す人がいないので、変化することがない。そのため、学名にはラテン語が使われているのである。

種とは何か?

生物の分類の基本単位を「種」という。

イヌとネコは、見るからに違う。これは幼稚園児でも区別できるだろう。人間は、はるか昔から生物を区別し、名前をつけてきた。

イヌとオオカミも違う。絵本では、イヌは桃太郎に連れ添って鬼が島に行くし、オオカミは三匹の子豚の家を吹き飛ばす。オオカミが桃太郎のお供になったり、イヌが三匹の子豚や赤ずきんちゃんを襲うことはない。しかし、最近の分類学では、オオカミとイヌとは同じ種であるとしている。どうして、イヌとオオカミは同じ種になってしまうのだろうか。

リンネは、学名をつけ一つ一つの生物種を分類した。その当時は、幼稚園児がそうであるように、見た目で生物種を分けていた。しかし、分けていたはずの二つの生物が、交雑して雑種が生まれたり、連続的に形態が変化したりして明瞭に線引きできないものもある。

　このような問題に対して、進化学者のダーウィンは、「もともと分けられないものを分けようとするからこんなことになるのだ」と記している。ダーウィンは、生物種は神が作ったものではなく、進化してきたことを明らかにした。そのため、種は変化し続けているとしたのである。

　現代では、生物種は、「他の個体群と交配しない生殖的隔離機構があること」で区別されるという。イヌとオオカミは、交雑をすることができる。そのため、同じ種なのである。ただし、イヌとオオカミは、まったく同じということではない。そこで、種の下に、もう一つ亜種という階層を設けて、イヌとオオカミは同種だが、亜種が違うということになっている。

　しかし、これでめでたしめでたしというわけにはいかない。

　種の概念は、動物では明確であるが、植物ではなかなか当てはまらない。

　植物は、別種とされていても、種間交雑して種子を作ることがある。また、植物は種子を作らずに、もっぱら栄養繁殖で増えるというものも少なくない。

　タンポポとアサガオが違うことは幼稚園児でもわかるのに、「種」という概念は、未だに明確になっていないのだ。

それも、仕方のない話である。そもそも、自然界には区別はない。区別しなければならない理由もない。それを、人間の頭が理解するために、区別して整理しようとしているのである。

植物は、人間が思う枠を超えて、子孫を残そうとする。そこには、何のルールもない。植物の生き方は、人間が思っているよりも、ずっと自由なのである。

形も大きさも自由自在

植物は、動物に比べると変化しやすい。

図鑑を見ると、ヒマワリは大きさが二〜三メートルと記されている。しかし、一メートルくらいで咲いているヒマワリもよく見かける。低いものでは、五〇センチに満たないくらいの大きさで咲いているものさえある。一方、ヒマワリの高さは、ギネス記録が競われていて、世界一高いヒマワリは九メートルを超えているという。

同じ花を咲かせているヒマワリでも、小さなものと大きなものでは、一〇倍以上も差があるのである。

植物の大きさは決まっているようで、決まっていない。たとえば、同じマツの木でも数十

メートルもあるような見上げるほどの巨樹もあれば、樹齢一〇〇年を超えていても小さな鉢に収まっている盆栽もある。あるいは、アサガオも、二階にまで届くほど伸びているものもあれば、行燈《あんどん》仕立ての小さなアサガオもある。植物の大きさは自由自在なのである。

動物では、このようなことは起こらない。

動物のサイズは、大小があってもおおよそ決まっている。どんなに大きなネズミでもウシのように大きくなることはない。逆にウシはどんなに小さくてもネズミより小さくなることはない。人間でも、背の高い人でも身長は二メートル余り、どんなに小さな人でも大人であれば、一メートルはあるだろうから、大きい人と小さい人とは二倍程度の差しかない。

植物は繰り返し構造

植物は、大きさを自在に変化させることによって、さまざまな環境に適応することができる。それにしても、どうして植物は大きさを自由に変化させることができるのだろうか。

動物は体の部位によって役割分担が決まっている。たとえば足は歩いて移動するためのものであるし、顔には情報を得るための目や耳がついている。体の中の内臓は食べたものを消化吸収し、心臓は血液を巡らせる。

それに比べると、植物は役割分担が明確ではない。茎の上の方の葉っぱも、下の方の葉っぱも、同じように光合成をしたり、呼吸をしたりしている。動物は手足の数は四本と決まっているし、目や耳の数も決まっているが、植物は枝や葉の数は決まっていない。また、動物は顔がないと生きていけないが、植物は枝や葉っぱが少しくらいなくなっても平気で生きていくことができる。動物は、大きな会社が開発部や製造部、営業部、総務部、経理部などさまざまな部署から成り立っているように、それぞれの器官が役割分担をして一つの体を作っている。これに対して、植物は個人事業主が集まった商店街のように、小さな単位が集まってできているのである。そのため、商店街が商店の数によって長くなったり、短くなったりするように、植物も自在に大きさを変えることができるのである。

植物は「茎があり枝があり、葉がつく」という基本パーツから構成されている。

植物は、この基本パーツを繰り返すことによって成長する。そのため、植物の体のつくりは基本パーツが集合したモジュール構造と呼ばれている。このモジュール構造によって、まるで、おもちゃの積み木を積み重ねるように、植物は大きさだけでなく、形さえも自由に変えることができるのである。

部分から全体が再生する

動物は大きな会社がたくさんの組織から成り立っているように、それぞれの器官が役割分担を持ちながら、一つの体を作っている。そのため、総務部だけが独立して会社が成り立つようなことはありえない。

ところが、先述のように、植物の体は個人事業主が集まった商店街のような構造をしている。そのため、文房具屋さんがノートの仕入れや販売を行い、隣のラーメン屋は新メニューを企画してラーメンやチャーハンを販売するように、それぞれの店が営業や経理や商品開発などを行っている。あまりたくさんの店がなくなれば、商店街として立ち行かなくなってしまうかも知れないが、隣の文房具屋さんがなくなっても、ラーメン屋だけで営業をしていくことはできる。同じようにパーツの集まりである植物は、すべての器官が独立して成立しやすいようになっている。

たとえば、私たちの体は頭がなくなったときに、再び新しい頭が生えてくるようなことはない。それどころか、脳という生きる上で大切な中枢器官を失えば、私たちは瞬く間に死んでしまう。

ところが植物は、たとえば茎の先端がなくなってしまったとしても、横から枝が伸びてきて伸び続ける。葉がなくなれば、新しい葉が出てくるし、根がちぎれれば、新しい根が伸びてくる。基本はパーツの組み合わせだから、新たにパーツを増やしながら、新しい茎や葉、根を作っていけば良いのである。

植物のこの性質を利用したのが、挿し木や挿し芽である。

植物の枝を取ってきて、土に挿してやれば、やがて根を出して新しい植物が再生する。植物はこうして部分から全体を再生させて増やすことができるのである。

部分から全体が再生するという植物の性質は、細胞一個であっても成立する。

植物は、基本構造の繰り返しと言ったが、細胞レベルで見てみれば、すべての生物が基本構造の繰り返しである。すべての生物は、「細胞」という基本単位でできている。この細胞が集まって、人間の頭や手足を作ったり、植物の葉や根を作っているのだ。細胞の構造はどれも同じで、細胞の中には、体を作るためのすべての情報が入っている。この情報を使って、細胞はさまざまな器官になっているのである。

そう考えれば、たとえば、人間は細胞の中にすべての情報を持つはずだから、一個の細胞から、人間の体が再生できるはずである。ところが、それは簡単にはできない。動物の細胞は、一度、皮膚になったり、内臓になったりという役割を与えられてしまうと、その役割分担が染みついていしまったかのように、他の器官に分化することがなかなかできないのだ。
ところが植物は、「基本構造の繰り返し」が細胞レベルにまで行きわたっている。そのため、一つの細胞を培養してあげれば、すべての器官を作り上げて、植物の体を再生することができるのである。このように、一つの細胞から、すべての器官を作り上げることができるという植物の細胞の特徴は「全能性」と呼ばれている。

★第一章のまとめ　植物は動かない

植物は動かない。この性質を「固着性」と言う。

植物は、自分で栄養を作ることができるから、動物のようにエサを求めて動き回る必要がない。だから、動かないのだ。

しかし、ときには「動かない」ではなく、「動けない」ときもある。

動物は敵が来れば逃げることができるが、植物は害虫がやってきても逃げることができない。また、動物は居心地が悪ければ、より適した生息場所を求めて移動することもできるが、植物はそこがどんな場所であっても、移動することはできない。

固着性のある植物は、そこに根を下ろしたら、その場所で生きるしかないのだ。

そんな植物の生き方は「変えられるものを変える」ことであると私は思う。「変えられるもの」とは何だろうか。残念ながら、植物に環境を変えるような力はない。そうだとすると変えられるものは「植物自身」である。

そのため、植物はさまざまな変化をする。この変化できる能力を「可塑性」という。植物は自在に変化する。人間は多少の違いはあっても、誰もが同じような形で同じような大きさをしている。これに対して、植物は形も大きさも自由自在である。同じ植物でも大きくなったり、小さかったりするし、縦に伸びたり、横に枝を伸ばしたり、形もさまざまである。そして、環境に合わせて自分を変化させるのである。

「固着性」と「可塑性」が植物の生き方なのだ。

私たち人間は、動物だから自由に動くことができる。しかし、どうだろう。現代社会を生きる私たちは、野生動物のように自由に環境は選べない。動けない不自由さを感じることも多いだろう。

植物は動けないから、逃げることなく環境を受け入れて、自分自身を変えている。そんな植物の生き方は、現代社会を生きる私たちには、参考にすべきところもあるのかも知れない。

それでは、可塑性を持つ植物は、どのような発展を遂げてきたのだろうか。
次の章では、そんな植物の進化を見てみることにしよう。

第二章　植物という生き物はどのように生まれたのか？――弱くて強い植物の進化

ギリシアの哲学者アリストテレスは、「植物は逆立ちした人間である」と言った。私たちが栄養を摂《と》る口は上半身にあるが、植物の栄養を摂る根は下半身にある。そして植物は生殖器官である花が上半身にあり、人間は生殖器官が下半身にあるとしたのである。植物と人間は、まったく正反対の生物であるというのだ。そうだとすれば、理解しあえないのも無理はないのかも知れない。

私たちは動物や昆虫を擬人化して、感情移入することはできる。しかし、植物についてはどうだろう。幼く、何も知らなかった頃は、無邪気にお花の絵に顔を描くこともあったが、理科の授業で植物について学べば学ぶほど、植物の暮らしは理解しがたく思える。とても感情移入することはできない。

植物というのは、本当に不思議な生き物である。同じ地球という惑星に存在する生命体であり、細胞が集まってできているという基本的な構造は同じはずなのに、私たち人間を含む動物の体と植物の体はまったく違う。その生き方や暮らしぶりに到《いた》っては、まったく相容れない存在だ。

そもそも、三八億年前に、地球に最初に生命が生まれたとき、植物と動物の区別はなく、まったく同じ生命体であった。ところが、いつからか、植物と動物は袂《たもと》を分かち、別々の道を歩んできたのである。

植物はいかにして植物になったのか？　この章では植物の進化の道筋を振り返ってみることにしよう。

陸上植物の祖先

生命が生まれたのは三八億年前。以来、地球上の生命はずっと海の中をすみかとしていた。ところが五億年ほど前になると、マントル対流によって巨大な陸上が現れ始めた。そして、海で暮らしていた生命は、この広大なフロンティアを目指し始める。

生物の進化を図鑑などで見ると、足の生えた魚類が上陸してくる印象的なイラストが描かれている。ただし、そのときには、すでに地上には植物が生えている。植物の方がずっと早く、このフロンティアに進出していたのだ。

現在の陸上植物の祖先は、緑藻類という藻《も》の仲間であると考えられている。緑藻類は海の浅瀬などに分布している。

海中の藻類には、緑色をした緑藻類、褐色をした褐藻類、赤い色をした紅藻類など、いくつかの種類がある。緑藻類が緑色に見えるということは、緑色の光は吸収せずに反射しているということになる。つまり、緑以外の青色と赤色の光を吸収して光合成をしているのだ。

光合成を行う上でもっとも効率が良いのは、青色と赤色の光である。そのため、光の当たる浅瀬に棲《す》む緑藻類は青色と赤色の光を吸収しているのである。

ちなみに、水は赤い色を吸収する。

キンメダイやカサゴなど海の深いところに棲む魚が鮮やかな赤い色をしているのは、海の底には赤い光が届かないので、赤い色をしていれば海の底では姿を消すことができるからである。そのため、水の中にある褐藻類は、青色の光を吸収して光合成を行っている。

また、水面に植物プランクトンがあると、青色の光が吸収されてしまい、光合成を行うための青色の光も届かなくなる。そこで、紅藻類はしかたなく、光合成の効率が悪い緑色の光を吸収しているのだ。

現在の陸上植物が緑色の葉を持っているのは、青色と赤色の光を光合成に用いる緑藻類が祖先だからである。浅瀬にある緑藻類が、陸上が隆起して浅瀬が干上がっていく中で次第に陸上への適応を迫られていったのである。

植物の上陸

光合成を行う緑藻類にとっては光を存分に浴びることのできる陸上は魅力的な環境であった。

ただし陸上は、生物にとって有害な紫外線が降り注ぐという問題があった。ところが、植物たちの営みによって地上の環境が改善されていく。海中で光合成を行う細菌や植物たちが放出する酸素によってオゾン層が形成されるようになると、オゾン層が紫外線を吸収し、紫外線が陸上に降り注ぐのを防いでくれるようになったのである。

植物の上陸は、古生代オルドビス紀の四億七〇〇〇年前のことであるとされている。魚類が上陸するのがデボン紀の三億六〇〇〇年前だから、植物の方が一億年以上も早いのだ。

最初に上陸をした植物はコケに似た植物であったと考えられている。

コケは体の表面から水分や養分を吸収する。これは水の中にいる緑藻類と同じである。そのため、コケは体のまわりが乾かないような水辺でしか暮らすことができない。

そこで、陸上生活に適するように進化をしたのがシダ植物である。

まずシダ植物は茎を発達させた。水の中では、体を支えるためのしくみは必要ないが、地上では体を支えることができる頑丈な茎が必要となるのである。さらにシダ植物は、乾燥に耐えるために、体内の水分を守るための固い表皮を発達させた。ただし、表皮を発達させると、水分が体外に出ていくのを防ぐことができる代わりに、外から水分が入ってこない。そこで水分を吸収するための根を発達させ、吸収した水分を体中に行きわたらせるための維管束を発達させたのである。

維管束を発達させて効率よく体中に水を運ぶことができるようになって、シダ植物は枝を茂らせることができるようになった。枝を増やせば、たくさんの葉をつけて、光合成をすることができる。こうしてシダ植物は巨大で、そして複雑な体を持つことができるようになったのである。

根も葉もない植物

最初のシダ植物に似た特徴を持つとされるのがマツバランである。

根拠のない噂話《うわさばなし》は「根も葉もない噂」と言われるが、マツバランには根も葉もない。マツ

マツバラン

バランの体は「茎」だけでできている。そして、地面の下に枝分かれをした茎で水を吸い、地面の上で枝分かれをした茎で光合成を行う。この地面の下の茎がやがて根となり、地面の上の茎がやがて葉へと分化していったのである。

ところで、土と砂はどこが違うだろうか。

砂は固くて冷たい。それに対して、土はやわらかくて、何となく温かいイメージがあるかも知れない。「砂」という漢字は「石偏に少ない」と書く。その漢字のとおり、岩が崩れて細かくなると石となり、石が細かくなると砂になる。

これに対して、土は有機物からできている。つまり、生物の死骸などが分解して土になっていくのである。そのため、地球に陸地ができたときに、陸地には土がまったくなかった。しかし、コケがその生命活動を繰り返し、世代を繰り返す中で、枯死したコケが分解して、蓄積されていく。こうして、陸地には少しずつ土ができていった。その土を手掛かりにして、シダ植物は根を発達させていったのである。

そう考えてみると、現在の地球の表面が土に覆われているということは、本当にすごいことだ。まさに地球は生命の営みが創りだした惑星なのである。

植物の上陸によって、地上に生態系ができた

こうしてシダ植物が、水辺から陸上へと広がっていくと、それまで、水辺で暮らしていた両生類は、恐竜の祖先となるような爬虫類《はちゅうるい》に進化を遂げた。シダ植物が進化をしながら、分布を広げ、植物の量と種類が増えていくと、植物をエサにするさまざまな爬虫類もまた種類を増やしていった。そして、草食の爬虫類をエサにして、肉食の爬虫類も発達を遂げた。こうして、シダ植物の繁栄によって豊かな生態系が築かれていったのである。

動物たちの進化と繁栄は、常に植物の進化と繁栄と共にあったのである。

しかし、シダ植物が陸上への進出を果たしたとはいっても、まだまだ水際から遠くへと離れることはできなかった。

やがて古生代末期になって登場したのが裸子植物である。

シダ植物から進化を遂げた裸子植物が発達させた画期的なシステムが、「種子」である。

しかし、種子が画期的だと言われても、どういうことかわかりにくいだろう。そこで、種

子について考える前に、植物の生活史を復習してみることにしよう。

植物が持つ二つの世代

植物の生活史は、胞子体と配偶体とから成る。胞子体はゲノムと呼ばれる染色体のセットを二セット持っており、複相（2n）と呼ばれる。これに対して配偶体はゲノムを一セットだけ持っており、単相（n）と呼ばれる。

動物の場合は、一般的には複相（2n）である。たとえば、人間は染色体が四六本である。これは、二三本で一セットのゲノムを二セット持っているからである。そして、減数分裂を行って作られた卵や精子が単相（n）となる。動物の場合は、単相は生殖のための生殖細胞に限られる。

ところが、植物の場合は、複相である胞子体も単相である配偶体も、ふつうの植物のように振る舞っているから、ややこしい。

この胞子体と配偶体を使って、二つの世代を明確に生きているのがシダ植物である（図2－1）。

シダ植物は胞子を作って増えるので間違えやすいが、胞子体というのは胞子からできたも

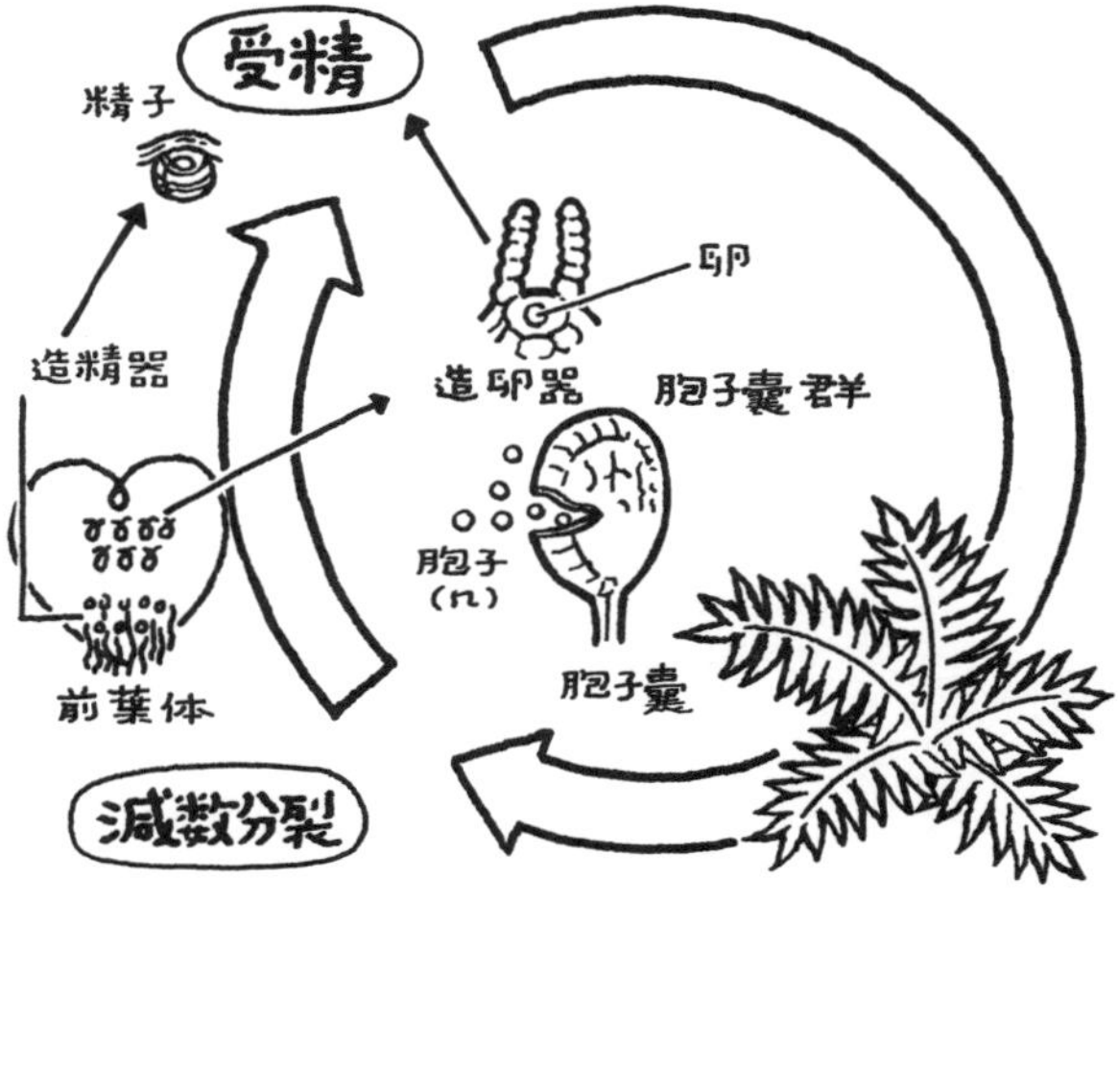

図2-1　シダの生活環

のを指すのではなく、減数分裂を行って胞子を生産するものを言う。

私たちがよく見るシダ植物は、胞子を作って増える。つまり、この胞子を作りだすシダの姿が胞子体である。胞子体は複相（２ｎ）であり、減数分裂で作られた胞子は単相（ｎ）である。この胞子から生じるのが、教科書でおなじみの前葉体である。前葉体は単相（ｎ）で配偶体となる。

私が中学生だった頃のことである。中学一年生の理科の教科書に登場する前葉体は、仮根をもじゃもじゃと生やしている。この姿は多感な時期の男子学生の妄想を大いに刺激し、友だちよりも一番早く陰毛が生えた友人は、すぐに「前葉体」とあだ名されていた。

この前葉体は単相（ｎ）である。前葉体は単相（ｎ）なので、減数分裂することなく単相（ｎ）の卵と精子を作る。この卵と精子という配偶子を作ることから、前葉体は配偶体と呼ばれているのである。

胞子を作るシダの胞子体には、雌雄の区別はない。そのため、胞子体は無性世代と呼ばれている。一方、配偶体である前葉体は、精子を作る造精器と卵を作る造卵器とがある。そのため、配偶体は有性世代とも呼ばれている。

コケとシダのちがい

それでは、コケはどうだろうか。

コケとシダとは、まったく違っているからややこしい。

コケ植物とシダ植物を比べると、シダ植物の方が発達しているように見える。そのため、コケ植物からシダ植物へと進化していったようにも思えるが、実際にはそうではない。チンパンジーから人間が進化したのではなく、共通の祖先からチンパンジーと人間が進化したように、コケ植物とシダ植物も、ごく近縁であるか、共通の祖先から進化をしたと考えられている。けっしてコケが古い植物ということではないのだ。生きた化石と呼ばれ、古生代から存在していたというゴキブリでさえも、進化を遂げているように、現代、生きている生物というものは、すべて現代の環境に合わせて適応しているはずなのである。

さて、私たちがよく見るシダ植物には雌雄の区別はなかったが、私たちが見るコケには、雄株と雌株とがある。そして、雄株が精子を、雌株が卵を作るのである。つまり、私たちが見るシダ植物は胞子体だったが、コケは私たちが見る姿が配偶体なのである（図2-2）。

ところが、何ともややこしいことに、コケ植物は雌株が作りだした胞子で増える。胞子を作る世代は胞子体と呼ばれるはずなのに、コケは配偶体である雌株から、胞子が作られるの

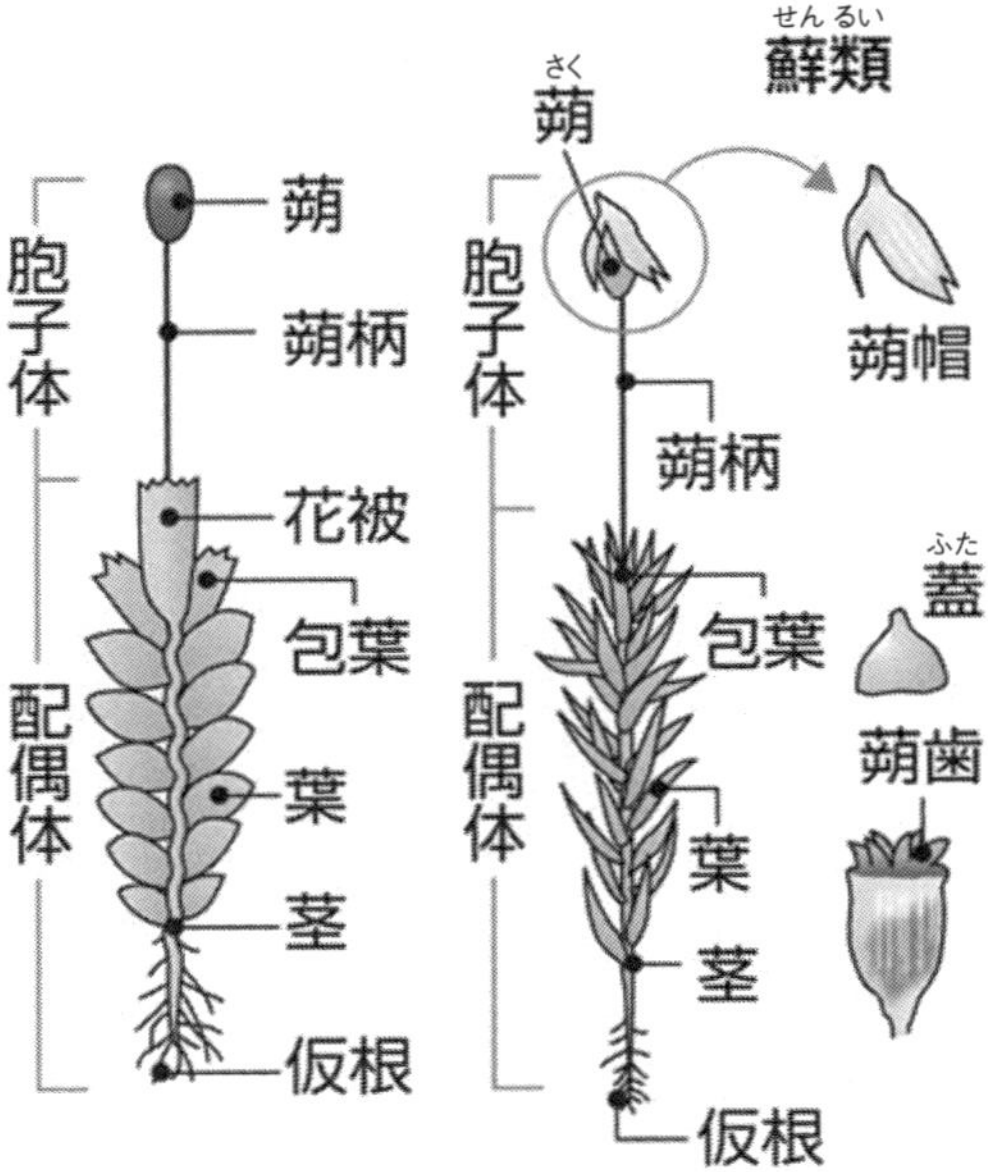

図2-2　コケ植物の構造

である。

　これには、トリックがある。

　雄株が作りだした精子は、雌株まで泳ぎついて受精する。この受精卵は複相（２ｎ）の配偶体である。じつは、受精卵は、雌株の上に寄生するように、雌株の上で芽を出すのである。そして、胞子体は雌株の上で胞子を生産するのだ。つまり、雌株は配偶体の下の部分と、胞子体の上の部分の二階建て構造になっているのである。

種子植物の進化

裸子植物と被子植物は、種子を生産することから種子植物と呼ばれている。

それでは、種子植物はどのように胞子体と配偶体を世代交代しているのだろうか。

一般の植物は減数分裂を行う胞子体である。そして、減数分裂によって作られた胚を持つ胚嚢《はいのう》と呼ばれる小さな器官と、花粉が配偶体となる。胚嚢も花粉も、顕微鏡で見なければ見られないほど小さいものである。そして花粉が胚と受粉して、再び胞子体となる種子が作られる。つまり、種子植物は、胞子体と配偶体のサイクルの配偶体の部分をグッと短くして、ほとんど胞子体のみで暮らしているのである（図2－3）。

シダ植物は、胞子体が作りだした胞子で遠くへ移動する。そして、シダの胞子は発芽すると、配偶体である前葉体という小さな植物体を形成、前葉体の上で、精子が卵子に泳ぎ着いて受精する。つまり、自殖である。たまたま近くの精子が泳いでくることもあるが、それでも近い個体と交配するだけである。

一方、種子植物は、胞子を進化させて花粉を作りだした。シダの胞子には雌雄の区別はないが、花粉は雄の配偶体である。そして、花粉が遠くへ移動することによって、よりさまざまな個体と交配をすることができるようになったのである。そして、さまざまな個体と交配

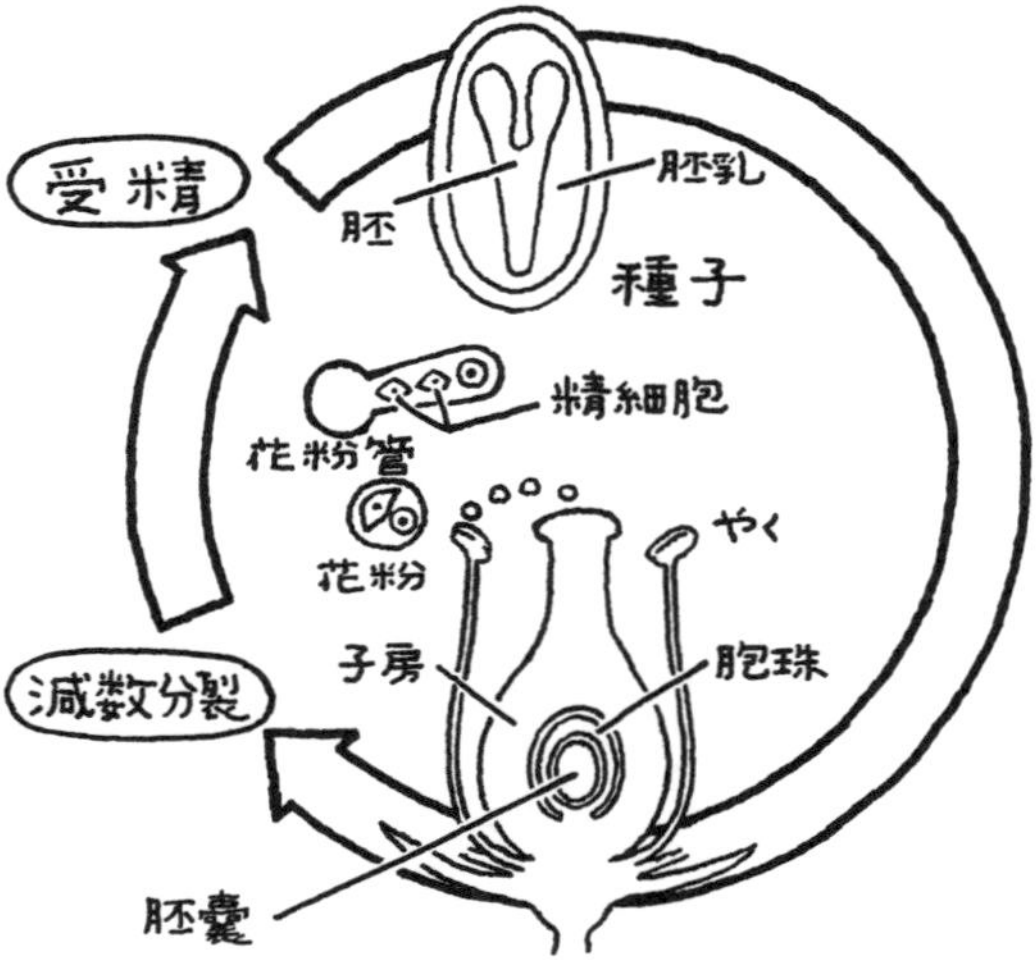

図2-3　種子植物の生活環

することで、多様性のあるさまざまな子孫を残し、進化のスピードを早めることができる。

こうして生まれた裸子植物は、シダ植物に比べてさまざまな進化を遂げて行ったのである。エサとなる植物が多様になると、それを食べる動物もまた進化を遂げる。

裸子植物の進化の結果、多様な恐竜が生み出された。

やがて、草食恐竜に食べられないように、裸子植物が巨大化を進めていくと、それを食べるために、恐竜もまた大型化していった。こうして裸子植物と恐竜が巨大化競争を推し進め、巨大な裸子植物の森と巨大な恐竜を主役とした生態系が生まれて行ったのである。

乾燥への適応

シダ植物では、前葉体の上で精子と卵子とが作られ、精子が水の中を泳いで卵子に到達し、受精する。精子が泳いで卵子にたどり着く方法は、生命が海で誕生した名残である。

シダ植物は古いと思うかも知れないが、進化の頂点にあると自負している人間でさえも、同じように精子が泳いで卵子と受精する。ただ、それが海で行われるのではなく、人間の体内で行われるというだけなのだ。生物が進化する上で克服すべき課題は、生命誕生の根源である海の環境をいかに陸上で実現するかにあったのだ。

地上に進出を果たしたシダ植物も、精子が泳ぐ水が必要なために、水分のあるジメジメとした場所でないと増えることができなかった。その結果、大繁栄したシダも勢力範囲は水辺に限られ、広大な未開の大地への進出は果たせなかったのである。

それでは、種子植物はどうだろう。

種子植物は裸子植物と被子植物とに分かれる。最初に登場した種子植物は、裸子植物である。最も進んだ植物である被子植物の進化については、次章でくわしく見てみることとし、ここでは裸子植物を見てみよう。

種子植物の多くは精子を作らないが、ここではシダ植物と比較できるように、例外的に精子を持ち、古いタイプの受精形式を持つイチョウを例に説明しよう。花粉は発芽すると花粉管の中に精子を作りだす。そして、イチョウは、種子の中に精子が泳ぐための海を用意する。そして、精子と卵が受精して、受精卵を作るのである。コケやシダは水がないと精子が泳ぐことができないが、イチョウは乾燥した場所でも、体内に海を作ることによって精子が泳ぐことを可能にしたのだ。

その他の種子植物は、さらに進んでいる。

花粉の中に作られた精細胞が、花粉管の中を進んで行って、卵と受精するようになったのだ。精細胞は精子と同じようなものだが、鞭毛《べんもう》を持って泳ぐようなことをしないので、単に精細胞と呼ばれている。こうして、花粉管に守られながら精細胞が卵にたどりつくことができるようになり、種子植物は水のない乾燥地帯へと分布を広げていくのである。

種子という移動カプセル

ずいぶんと遠回りしてしまったが、話を種子に戻そう。

植物は動くことができない。しかし、移動できるチャンスがわずかにある。

コケ植物やシダ植物は、胞子で移動する。しかし、受精卵は移動することがない。コケ植物では、雌株の上で受精卵は胞子体を作る。そして、シダ植物は前葉体の上の受精卵から、私たちがよく見るシダの植物体が発生するのである。

ところが、種子植物には、一生のうちに移動のチャンスが二回ある。一度目は、花粉である。花粉はシダ植物やコケ植物の胞子が進化したものである。そして種子植物は、さらに受精卵を移動させることに成功した。それが種子である。

種子植物は胞子を進化させた花粉で移動を遂げる。

種子は固い皮で守られている。そのため、種子は胞子よりも乾燥に耐えることができるよ

うになった。さらに、固い種子の中で守られて、胚がいつまでも発芽のタイミングを待ち続けることができるようになった。胞子は水がないと死んでしまうが、種子は水がなくても、水が得られるようになるまで、長い時間待ち続けることが可能になったのである。つまり、種子は時間を越え、空間を移動できるカプセルのような存在なのである。

このタイムカプセルによって、種子植物は、乾燥した内陸部分に分布を広げることが可能になったのである。

タンポポが風で種子を飛ばしたり、オナモミが動物の毛や人の衣服にくっつけて種子を運ばせるように、現在でも種子は植物が遠くへ分布を拡大するための、優れた移動手段となっている。

さて、恐竜時代を支えた裸子植物の後に、現在、もっとも繁栄した植物である被子植物が登場する。これについては次章で見てみよう。

★第二章のまとめ　植物は環境の破壊者だった？

ＳＦ映画に登場する近未来。豊かな大地は放射能で汚染され、多くの生物は滅亡の危機にさらされた。しかし、放射能をエサにする化け物のような生物たちがやがて進化を遂げる。

けっしてＳＦの世界ではない。じつは、これこそが、生物の進化の物語なのである。

時代は遡って三八億年前。地球に生命が出現した。

そして、あるとき、恐るべき進化を遂げた生物が現れる。それが単細胞生物である植物プランクトンである。葉緑体を持つ植物プランクトンは、光合成を行い、二酸化炭素と水からエネルギー源を作りだす。ところが、光合成を行うと廃棄物が出てしまう。その廃棄物が酸素なのである。酸素は本来、あらゆるものを錆《さ》びつかせてしまう毒性物質である。鉄や銅などの頑強な金属でさえも酸素にふれると錆びついてボロボロになってしまうほどなのだ。

ところが、である。植物の作りだした酸素の毒で死滅しないばかりか、酸素を体内に取り込んで生命活動を行う生物が登場した。それが動物の祖先となる動物プランクトンである。酸素は毒性がある代わりに、爆発的なエネルギーを生み出す力がある。酸素を手に入れた微生物は、強力なエネルギーを利用して、活発に動き回ることができるようになった。そして豊富な酸素を利用して丈夫なコラーゲンを作り上げ、体を巨大化することにも可能になったのだ。まさにＳＦ映画で放射能のエネルギーで巨大化した怪獣さながらである。

さらに、大気中に放出された大量の酸素は地球環境を大きく変貌させた。酸素は紫外線に当たるとオゾンという物質に変化する。植物プランクトンが作りだした酸素は、やがてオゾンとなり、上空に吹き溜まりとなって充満した。こうして作られたのがオゾン層である。このオゾン層は有害な紫外線を吸収し、地上に降り注いでいた有害な紫外線を遮った。すると海の中にいた植物は、満を持してやがて地上へと進出を果たすようになったのである。結果的に植物は、自分の都合の良いように地球環境を大きく改変してしまったのだ。

地球で繁栄していた微生物の多くは、酸素のために死滅してしまったことだろう。そして、わずかに生き残った微生物たちもまた地中や深海など酸素のない環境に身を潜めて、ひっそりと生きるほかなかったのである。

やがて、時代は流れ、人類が現れた。

人類は文明を作り上げ、石炭や石油などの化石燃料を燃やして大気中の酸素を消費し、二酸化炭素の濃度を上昇させている。そして人類が放出したフロンガスは、かつて酸素から作られたオゾン層を破壊し、遮られていた紫外線は再び、地表に降り注ぎつつある。そして地上に広がった森林を伐採し、酸素を作りだす元凶である植物を減らしている。

人類は、二酸化炭素に満ち溢《あふ》れ、紫外線が降り注いだ生命誕生以前の古代の地球の環境を取り戻そうとしているのである。

ただ、心配なのは、人間もまた植物が作りだした地球環境でしか暮らせない生き物ということだ。植物が作りだした世界で多くの生物が進化を遂げたように、人類がどんなに環境を改変しても、いくらかの生物は進化を遂げることだろう。しかし、その環境では、人類は間違いなく生き残れないのだ。

第三章　どうして恐竜は滅んだのか？――弱くて強い花の誕生

大繁栄を遂げた恐竜が絶滅した理由は、謎に包まれている。

恐竜絶滅の直接的な要因は、六五五〇万年前にメキシコのユカタン半島に隕石《いんせき》が衝突し、巻き上げられた粉塵《ふんじん》が地球全体を覆って太陽光を遮断し、環境が大きく変動したことが要因であると言われている。

しかし、隕石が衝突する以前から、恐竜は次第に衰退の道をたどっていたことが知られている。その要因として推察されているのが、花を咲かせる被子植物の進化であったと言われている。どうして植物の進化が恐竜を追い詰めて行ったのだろうか。ここでは被子植物の進化を見てみることにしよう。

被子植物の劇的な進化

種子を作る種子植物には、「被子植物」と「裸子植物」とがある。

裸子植物は「胚珠《はいしゅ》がむき出しになっている」のに対して、被子植物は「胚珠が子房《しぼう》に包まれ、むき出しになっていない」と教科書で習う。胚珠がむき出しになっているかどうか、そんなことが種子植物を大きく二つに分けるほどの重要なことなのかと思うかも知れない。しかし、胚珠が子房に包まれたということは、植物の進化にとって大事件であった。そして、このことによって、植物は劇的に進化することになったのである。

胚珠とは種子の元になるものである。植物にとって、もっとも大切なものは、次の世代である種子である。つまり、胚珠がむき出しになっているということは、もっとも大切なものが無防備の状態にあるということなのだ。ところが、あるとき、大切な種子を子房で包んで守る植物が現れた。これこそが被子植物である。

この子房の獲得こそが、植物に革命的な変化をもたらしたのである。

動物の進化で言うと、魚類や両生類は、メスが産んだ卵に、オスが精子を掛けて、体外受精を行う。しかし、受精という子孫を残す上でもっとも重要な作業を、厳しい環境下で行うことはリスクも大きい。そこで、爬虫類《はちゅうるい》や鳥類、哺乳類では、安全なメスの体の中で受精をするという体内受精が発達したのである。

胚珠が包まれているということは、子房の中、すなわち植物の体の中で受精をすることができる。しかも、体内で受精をできるメリットは、安全性だけではない。じつは、胚珠が包まれたことによって、革命的な出来事が起こるのである。

それが受精のスピードアップである。

進化のスピードが加速した

そもそも裸子植物は、どうして大切な胚珠をむき出しにしているのだろうか。胚珠が種子になるためには、花粉と受精しなければならない。つまり、風で飛んでくる花粉をキャッチして受精するために、どうしても胚珠を外に置いておかなければならないのである。

一方、被子植物は子房を持つ雌しべを発達させた。雌しべの先端に付着した花粉は、花粉管を出して雌しべの中を伸びていく。そして子房の中で胚珠と受精をするのである。

このように、安全な植物の体内で受精ができるため、植物は受精のための胚を成熟させた状態でスタンバイさせておくことができる。そのため、花粉が来るとすぐに受粉ができるようになったのである。花粉が雌しべについてから、早いもので数時間、遅くとも数日中には受精が完了する。

一方、裸子植物は、やってきた花粉を一度、取り込んでから胚珠を成熟させる。

代表的な裸子植物であるマツの例を見てみよう。

マツは春に新しい松かさを作る。これがマツの花である。また、昆虫を利用して花粉を運ぶ方法を知らない裸子植物は風で花粉を飛ばす。そして、松かさのりん片が開いたときマツの花粉が開いた松かさの中へ侵入するのである。すると、松かさは閉ざされ、翌年の秋まで開かない。そして、松かさの中で長い歳月をかけて卵と精核が形成され、やっと受精が行われるのである。

そのためマツは、花粉が到達してから受精までに、一年もの年月を必要としてしまう。これと比べると、被子植物の受精がどれだけ画期的なものかわかるだろう。裸子植物から被子植物への進化は、江戸から京まで三〇日を掛けて歩いて旅していた江戸時代の東海道から、東京から京都までを二時間で結ぶ新幹線になったほどの劇的な変化が起こるようになったのである。

今まで種子を作るのに、長い年月を掛けていたものが、わずか数時間から数日中にできるようになったということは、それだけ世代を早く更新することができる。世代更新が進むということは、それだけ進化を進められるということだ。

こうして、被子植物はそれまでと比べて劇的にスピードアップした進化を遂げることができたのである。この植物の進化が起こったのは、ジュラ紀から白亜紀の後期に掛けての時期だと言われている。白亜紀というと、恐竜時代の終わりころで、ティラノサウルスなど進化を極めた恐竜たちが活躍していた時代である。

美しき花の誕生

中生代ジュラ紀、恐竜たちが闊歩《かっぽ》していた時代に繁栄を遂げていたのは、裸子植物であった。裸子植物は美しい花を咲かせることはない。ジュラ紀の森には、私たちがイメージするような色とりどりの花はまったくなかったのである。

植物が美しい花を咲かせるのは、昆虫を呼び寄せて受粉させるためである。裸子植物は、風に乗せて花粉を運ぶ風媒花である。そのため、裸子植物の花は、花びらで装飾する必要がない。むしろ、風まかせで花粉を運ぶ方法は、雄花から雌花に花粉が届く確率は低い。花びらを作るような余計なことにエネルギーを使うよりも、少しでもたくさんの花粉を作った方が良い。裸子植物が花粉を大量に生産するのは、そのためなのだ。

現代でもスギやヒノキなどの裸子植物が、大量の花粉をまき散らして、花粉症の原因として問題になるのは、裸子植物が風媒花だからなのである。

裸子植物から進化した被子植物も、もともとは風媒花であったと考えられるが、子房が発達するとほとんど同時に、昆虫が花粉を運ぶ虫媒花が発達したと考えられている。

もちろん、昆虫も植物の花粉を運んでやろうという親切心で、花にやってきたわけではない。昆虫は花粉を餌にするために、花にやってきた。つまり、もともと昆虫は、植物の花にとっては害虫だったのである。

被子植物は花粉を捕えるために、雌しべを長く伸ばす。花粉を食べにやってきた昆虫に付着した花粉は、昆虫が別の花を訪れると、偶然、その雌しべに付着したのだろう。そして、昆虫によって、花粉が運ばれたのである。昆虫は花から花へと移動するから、昆虫に花粉を運ばせることができれば、極めて効率が良い。少しぐらい昆虫に花粉を食べられたとしても、どこへ飛んでいくか分からない風まかせの送粉方法に比べれば、ずっと確実である。そのため、昆虫に報酬として花粉を食べさせたとしても、生産する花粉の量をずっと少なくすることができたのである。

そして花粉生産を節約した分のエネルギーを使って、昆虫を呼び寄せるための花びらを発達させた。そして、ついには甘い蜜を用意し、芳醇《ほうじゅん》な香りを漂わせて、あの手この手で昆虫を呼び寄せるようになったのである。そして、私たちが知る美しい花が誕生したのだ。

このように花が劇的に進化できたのは、子房を持った被子植物が、世代更新のスピードを早めることに成功していたからなのだ。

昆虫も進化を遂げた

昆虫は植物から蜜や花粉をもらい、代わりに植物は昆虫に花粉を運んでもらう。この相思相愛の共生関係の進化の過程で、最初に花粉を運んだ昆虫は、コガネムシの仲間であったと考えられている。言わば、植物にとっては初恋の相手である。

しかし、初恋というものが、どこか不器用でスマートさに欠けるのは、植物の進化でも同じである。現代でも、コガネムシはけっして器用な昆虫ではない。墜落したかと思うほど、ドスンと花に着陸し、餌の花粉を食べあさって花の中を動き回る。植物と昆虫の共生関係は、最初はこんなスタートだったのである。

こうして植物の花が発達するに連れて、花から花へと華麗に飛び回るチョウやハチなどの昆虫が進化を遂げて行ったのである。

チョウやハチと言えば、人間にとってはチョウの方が人気があるかも知れないが、植物にとってチョウはけっして良い存在ではない。チョウは長い足で花に止まり、ストローのような長い口で蜜を吸う。そのため、チョウの体には花粉がつきにくいのである。植物にとってチョウは、花粉を運ぶことなく、蜜だけ吸っていく蜜泥棒なのである。

一方、ハチは植物にとって最良のパートナーである。何しろハチは働き者である。ミツバチのような社会性の昆虫は、家族を養わなければならないから、とにかく忙しそうに花から花へと飛び回る。それだけ、花の花粉も運ばれるということなのだ。

しかもハチの仲間は頭が良い。そのため、花の色や形を認識して、同じ種類の花を飛び回る。これは、植物にとっては、極めて都合が良い。何しろ、花から花へと飛び回ると言っても、違う種類の花に飛んで行ってしまっては受粉をすることができない。その点、ハチは同じ種類の花へ飛んで行ってくれるから、効率が良いのである。

そのため、植物の花は、ハチを呼び寄せようと必死だ。そして、ますます花を美しく装飾し、たっぷりの蜜を用意して、ハチを誘っているのである。

しかし、問題もある。ハチのために奮発して用意した蜜を狙って、さまざまな昆虫が花にやってきてしまうのである。どうすれば、他の昆虫を拒み、ハチだけに蜜を与えることができるのだろうか。

もし、あなたが植物の花だったら、どのような工夫をするだろうか?

複雑な花の形のひみつ

高校や大学は、受験生を集めるために、あの手この手で魅力を発信する。しかし、そう言いながらも、すべての受験生が入学できるわけではない。高校や大学が望む生徒を選ぶためにテストを行うのだ。

植物も同じである。

植物は、ハチを選ぶためにテストをすることを考えた。先述のように、ハチは頭が良い。

そこで、植物は花の奥深くに蜜を隠し、花の形を複雑にして簡単には蜜にたどりつけないようにしたのである。そして、花びらに蜜標《みつひょう》と呼ばれる蜜のありかを示す目印となる模様をつけた。この蜜標の謎を解き、複雑な花の形を理解する頭の良い昆虫だけが、蜜にたどりつくことができるようにしたのである。

そして、ハチは狭い花の中に潜り込み、後ずさりして花から出てくることができる。じつは、後ずさりして花から出てくるという動きが、他の昆虫にはなかなかできないのだ。

ハチが後ずさりが得意だから、花が狭い形に進化をしたのか、あるいは花が狭い形に進化をしたから、ハチが後ずさりするように進化を遂げたのかは、わからない。おそらくは花がハチにだけ蜜を与えようとし、ハチがその花から蜜を吸おうと、お互いに進化を遂げていく中で、花の蜜を吸うハチと、ハチだけに蜜を与える花が発達したのだろう。

しかし、結果として花はハチだけが潜り込みやすいような形になり、ハチは花に潜り込みやすいような形になっている。

すると、ハチが同じ花だけを選んで花粉を運んでくれる理由も見えてくる。

ハチも慈善事業ではないから、植物のためにわざわざ同じ花を選んで回るようなことはしない。しかし、ハチは謎を解き、複雑な形に侵入して苦労して蜜にたどりつくと、同じ仕組みで蜜を得られる花に行きたくなる。植物のテストをクリアしたハチにとって、同じ種類の花は、過去問とまったく同じ問題を出題する入学試験のようなものなのだ。だから、ハチは他の花には見向きもせずに、同じ種類の花へと飛んでいくのである。

花とハチとの関係は、「共生関係」と言われるが、自然界の生き物は助け合うようなことはしない。花もハチも利己的に、自分の都合の良いように振る舞っているだけである。しかし、そんな自分勝手な生き物たちが、お互いに損することなく、お互いに得するようなしくみを作り上げている。それが、人間の目には助け合っているように見えるのだ。

自然の営みというのは、本当にすごいものである。

果実の誕生

世代更新を早め、進化のスピードアップに成功した被子植物が発明したものは、「花」だけではない。「果実」もまた、劇的な進化の中で、植物が発達させたものである。

裸子植物と被子植物の違いは、種子の元になる胚珠がむき出しになっているかどうかであった。

裸子植物は、胚珠がむき出しになっている。これに対して、被子植物は、大切な胚珠を守るために、胚珠のまわりを子房でくるんだのである。

子房で守ることによって、胚珠はさらに乾燥条件にも耐えられるようになった。また、子房には大切な種子を害虫や動物の食害から守るための役割もあったことだろう。

ところが、やがて子房を食べた哺乳類が、一緒に食べた種子を糞《ふん》として体外に排出することで、結果的に種子が移動することが可能となった。そして、植物は果実を作ることで種子を散布させるという方法を発達させるのである。

動物や鳥が植物の果実を食べると、果実といっしょに種子も食べられる。そして、動物や鳥の消化管を種子が通り抜けて糞と一緒に種が排出される頃には、動物や鳥も移動し、種子が見事に移動することができるのである。

そのため、被子植物は、胚珠を守っていたはずの子房を発達させて、果実を作ったのである。

植物は動物や鳥に餌を与え、動物や鳥は植物の種を運ぶ。このように果実によって、動物や鳥と植物とは共生関係を築いたのである。

鳥の発達

果実を食べて、植物の種子を最初に運んだのは、哺乳類だったと言われている。哺乳類は、もともとは昆虫食だったが、その中には果実を餌にするものが発達したのである。

そして、白亜紀の後期にはさまざまな鳥が発達を遂げる。それは被子植物の出現によって、植物が多彩な進化を遂げたことと無関係ではない。

花が進化することによって、蜜を餌にして花粉を運ぶ鳥が現れた。花の形に合わせてさまざまな鳥が進化していったのである。そして、さまざまな植物を餌にするために、さまざまな昆虫が発達する。さらに、植物はさまざまな果実をつける。こうして、餌が多様化することによって、鳥もまた多様な進化を遂げて行ったのである。

現在では、植物の果実を餌にして種子を運ぶ役割は、哺乳類よりも、むしろ鳥類が担っている。哺乳類は歯が発達しているので、果実だけでなく種子を噛《か》み砕いてしまう恐れがある。これに対して鳥は、歯がないので、種子を丸呑《の》みする。また、消化管が短いので、種子は消化されずに無事に体内を通り抜けることができる。さらに、鳥は大空を飛び回るので哺乳動物に比べると移動する距離が大きい。そのため、植物にとっては鳥が、種子を運んでもらう最良のパートナーなのである。

植物は、効率良く種子を運んでもらうために、あるサインを作りだした。それが果実の色である。

果実は、熟すと赤く色づいてくる。これは赤く色づいて果実を目立たせているのである。

一方、種子が成熟する前に食べられてしまうと困るので、未熟な果実は葉っぱと同じ緑色をして、目立たなくしている。また、苦味を持って食べられないように守っているのである。

赤色は「食べてほしい」、緑色は「食べないでほしい」、これが植物と鳥との間で交わされたサインなのである。

果実を餌にした哺乳類

しかし、哺乳動物の中でも果実を餌とし、植物との共生関係を発達させたものがある。それが我々、人類の祖先でありサルの仲間である霊長類である。

植物の果実が赤くなるのは、それは熟した実であるというサインであった。ところが、哺乳類は、この赤い色を見ることができない。

恐竜が闊歩していた時代、哺乳動物の祖先は恐竜の目を逃れて夜行性の生活を送っていた。夜の闇の中で、もっとも見えにくい色は赤色である。そのため、夜行性の哺乳動物は、赤色を識別する能力を失ってしまったのである。

ところが、哺乳動物の中で、唯一、赤色を見ることができる動物がいる。それがサルの仲間である霊長類の一部である。霊長類の一部は、赤色を見ることができる。私たち人類の祖先は、哺乳類の中で唯一、赤色を識別する能力を取り戻したのだ。

果実をエサにするために、熟した果実の色を認識することができるようになったのか、あるいは、赤色を見ることができるようになったから、果実を餌にするようになったのかは明確ではないが、こうして霊長類は、鳥と同じように熟した赤い果実を認識して、果実をエサにするようになったのである。

植物にとって鳥は最良のパートナーだが、空を飛ぶ鳥は体が軽いので、大きな種子を運ぶことができない。一方、サルの仲間は、大きな種子を大量に食べてくれるのだ。現在でもドリアンは大きな種子を持っているが、ドリアンはオランウータンによって種子が散布されることが知られている。

また、霊長類をパートナーにするには、他にも利点がある。サルの仲間は頬袋に果実を食べて、果実を食べながら、種子を吐き出す。こうして、糞で出すよりも、さまざまな場所に種子が散布されるのである。

導管の発達

もう一つ、被子植物が獲得したしくみに「導管」がある。

シダ植物や裸子植物は、仮導管というしくみで水を運んでいた。これは、細胞と細胞の間に小さな穴があいていて、この穴をとおして細胞から細胞へと順番に水を伝えていくものである。いわばバケツリレーのようにして水を運んでいくのである。

仮導管は、シダ植物の進化によって獲得したシステムである。水を運ぶ効率は悪いが、それでも根で吸った水を運ぶ専用の器官というのは、当時としては、かなり画期的だったことだろう。しかし、仮導管の細胞も体を支えるという茎の役目を担っていたから、細胞壁は厚く、水を通すための穴も大きくすることはできなかった。

これに対して、被子植物は、細胞と細胞との壁を完全になくして、空洞にし、水道管のように通水できる導管という仕組みを手に入れた。さらに、体を支える細胞と水を通す部分を機能分担させることによって、通水部分を太くすることも可能となったのである。こうして、被子植物は、通水専用の空洞組織で、根で吸い上げた水を大量に運搬している。

仮導管であっても、ちゃんと水は運ぶことができるのだから、まったく問題はない。この仮道管で裸子植物は、時間を掛けてゆっくりと大きな体を作る。

しかし、時代はスピードを求める時代となった。環境の変化に対応するために、被子植物は世代更新のスピードを速めなければならない。そのためには、素早く成長して、できるだけ早く花を咲かせる必要がある。このスピーディな成長のためには、水を効率良く運ぶことのできる導管が有利だったのである。

教科書では、被子植物と裸子植物の違いとして、被子植物は「胚珠がむき出しになっておらず、子房に守られていること」「導管を持つこと」などが特徴として挙げられ、丸暗記をさせられるところだが、これらの特徴は植物の進化にとって、極めて大きな意味を持っているのである。

しかし、裸子植物から被子植物への進化は、あまりに劇的すぎる。

裸子植物と被子植物とは、あまりに違い過ぎて、被子植物への進化がどのように起こったのかは、よくわかっていない。一九世紀の進化学者ダーウィンは、被子植物の起源の問題は「忌まわしき謎」であると記しているが、この忌まわしき謎は、未だに解けていないのである。

木と草は、どちらが新しい？

ところで、巨大な大木となる「木」と道ばたの雑草のような小さな「草」では、進化の過程では、どちらがより進化をした形だろうか。

幹を作り、枝葉を茂らせる木の方が、より複雑な構造に進化をしているように思うかも知れないが、じつはより進化をしているのは草の方である。

コケのような小さな植物からシダ植物が進化したとき、頑強な茎と仮道管という通水組織を利用して、巨大な木を作り上げた。その後、シダ植物、裸子植物、被子植物の進化を通して、植物はすべて巨木の森を作っていたのである。

そして、木から草が進化をした。

草が誕生したのは、白亜紀の終わりごろであると言われている。

恐竜映画などを見ると、巨大な植物たちが森を作っている。その時代の植物は、とにかくでかかった。恐竜が繁栄した時代は、気温も高く、光合成に必要な二酸化炭素濃度も高かった。そのため、植物も成長が旺盛で、巨大化することができたのである。

そして、その大きな木の上の葉を食べるために、恐竜たちもまた巨大化していった。すると、植物も恐竜に食べられないように、さらに巨大化する。そして、恐竜は巨大化した植物を食べるために、巨大化し、さらには首まで長くしていった。こうして植物と恐竜とが競い合って、巨大化を進めていったのである。

ところが、白亜紀の終わりごろ、それまで地球上に一つしかなかった大陸は、マントル対流によって分裂し、移動を始めた。そして、分裂した大陸どうしが衝突すると、ぶつかった歪《ゆが》みが盛り上がって、山脈を作る。すると山脈にぶつかった風は雲となり、雨を降らせる。こうして地殻変動が起こることによって、気候も変動し、不安定になっていったのである。山に降った雨は、川となり、やがて下流で三角州を築いていく。草が誕生をしたのは、まさにこの三角州であったと考えられている。

三角州の環境は不安定である。いつ大雨が降り、洪水が起こるかわからない。そんな環境ではゆっくりと大木になっている余裕がない。

そこで、短い期間に成長して花を咲かせ、種子を残して世代更新する「草」が発達してい

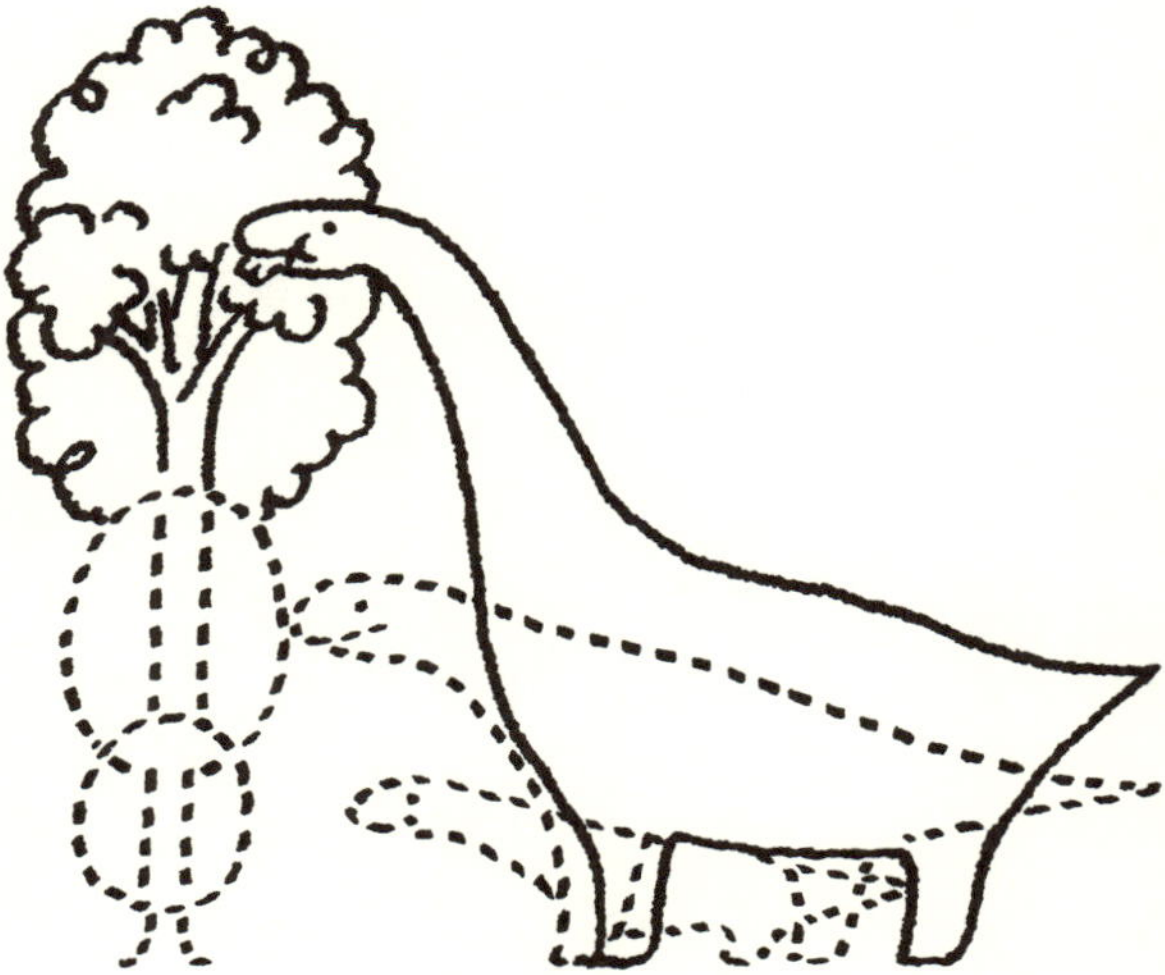

ったのである。その後、目まぐるしく変化する環境に対応して、草は、爆発的な進化を遂げた。陸上の哺乳類が、再び海に戻ってクジラになったように、環境に適応して、草から再び木に戻ったものもいる。昆虫の少ない環境では、虫媒花から再び、風が花粉を運ぶ風媒花に進化したものもいる。こうして、地球上のあちらこちらで、多様な植物が進化を遂げていったのである。

命短く進化する

こうして、植物は、木から草へと進化していった。

しかし、考えてみると不思議である。

木になる木本性の植物は、何十年も何百年も生きることができる。なかには屋久島の縄文杉のように、樹齢が何千年にも及ぶようなものさえある。一方、草本性の植物の寿命は一年以内か、長くてもせいぜい数年である。

その気になれば、数千年も生きることのできる植物が、わざわざ進化を遂げて、寿命が短くなっているのである。

すべての生物は死にたくないと思ってる。少しでも長生きしたいと思っている。千年、生きられるのであれば、千年、死なずにいたいと誰もが思うことだろう。それなのに、どうして植物は、進化の結果、短い命を選択したのだろうか。

長い距離のマラソンレースを走り抜くことは大変である。さらに障害物レースだったとしたら、どうだろう。四二・一九五キロ先のゴールにたどり着くことは、簡単ではない。

しかし、それが一〇〇メートルだったら、どうだろう。全力で走り抜くことができる。もし、多少の障害が待ち構えていたとしても、全力で障害を乗り越えられるはずだ。テレビ番組の企画で、マラソン選手と一〇〇メートルずつバトンリレーをする小学生の対決が行われるが、マラソン選手も、全力疾走する小学生のバトンリレーにはかなわない。

植物も同じである。千年の寿命を生き抜くことは難しい。途中で障害があれば、枯れてしまうかもしれない。これに対して、一年の寿命を生き抜く方が、天命を全うできる可能性が高いだろう。だから、植物は寿命を短くし、一〇〇メートルを走り切ってバトンを渡すように、次々に世代を更新していく方を選んだのである。特に、植物は世代を経ることで変化したり、進化を進めたりすることができる。そのため、世代を進めることで、変化する環境や時代の移り変わりに対応することも可能になるのである。

死を創りだした者

仏教では「老いること」や「死ぬこと」は苦であるとされている。すべての生き物が「死にたくない」と思っている。それでも、すべての生き物は、老いさらばえて、最後には必ず死を迎える。それは生きとし生けるものの逆らえない宿命である。

しかし、である。すべての生き物は死ぬことなど望んでいないはずなのに、「老いて死ぬ」という行為自体が、生物が進化の過程で自ら創りだしたものなのである。

私たちは自動車や電化製品が古くなるように、歳を取れば、体中の器官が古くなってガタが来るのは当たり前だと思っている。ただし、考えてみれば、私たちの体の細胞は常に更新されて新しくなっている。肌も古い細胞は垢《あか》となって、常に新しい細胞が生まれている。たとえ、百歳の身体であっても、私たちの体は日々生まれ変わり、赤ちゃんと変わらない肌をしていても何らおかしくないのである。しかし、私たちの体はいつまでも赤ちゃんのような肌ではいられない。私たちは確実に老いていく。それは、私たちの体が、自ら老いていくようにプログラムされているからである。私たちの体の細胞には、自ら死ぬためのプログラムが組み込まれている。体の細胞数を一定に保つために、一定の細胞分裂を行うと死滅するようになっているのである。このような細胞死はアポトーシス（プログラムされた死）と呼ばれている。

「死」は地球上に生まれた生命が創りだした発明品である。

死というシステム

細菌やアメーバのような原始的な原核生物は、細胞分裂をして増殖していく。細胞分裂をして増えても、元の細胞と同じ細胞が増えるだけである。原核生物はこれを無限に繰り返していく。細胞分裂を繰り返したからと言って、年老いて細胞が疲弊していくことはない。そして、細胞は増えても死滅をするわけではないから、原核生物は永遠に死ぬことはないと言えるかも知れない。すべての生物が死ななければならないわけではないのだ。

しかし、同じ単細胞生物でもゾウリムシのような真核生物は違う。ゾウリムシは分裂回数が有限である。そして、七〇〇回ほど分裂をすると、寿命が尽きたように死んでしまうのである。ただし、死ぬまでに他のゾウリムシと接合をして、遺伝子を交換すると、新たなゾウリムシとなって生まれ変わる。すると分裂回数はリセットされて、再び七〇〇回の分裂ができるようになるのである。こうして生まれ変わったゾウリムシは、元のゾウリムシと違う個体だから、これは次の世代を作って、自分は死んでしまったと見ることができる。こうして、

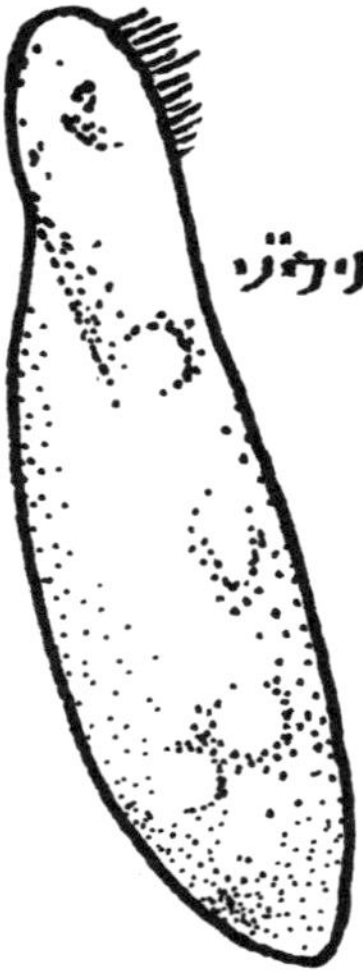

ゾウリムシ

真核生物は「死」と「再生」という仕組みを創りだしたのである。

「形あるものはいつかは滅ぶ」と言われるように、この世に永遠であり続けることのできるものはない。何千年も生き続ければ、その間にさまざまな故障もあることだろう。そこで生命は永遠であり続けるために、自らを壊し、新しく作り直すことを考えた。

つまり、生命は一定期間で死に、その代わりに新しい生命を宿すのである。

また、時代の変化に合わせて、自らを変えていく必要もある。進化を考えれば、元の個体を増殖し続けるよりも、古い個体を壊して、新しい個体を作っていった方が良い。

そこで、生命は死と再生を繰り返し、世代を進めることで命をリレーしていく仕組みを創りだした。そして、変化し続けることによって、永遠であろうとしたのである。

生命は死ぬことによって、永遠であり続ける。そして、生物は限られた命を全うするために、全力で生き抜くのである。

命の輝きを保つために、生命は限りある命に価値を見出したのである。

追いやられた恐竜たち

世代更新を早めることによって、劇的に進化を遂げる被子植物。この被子植物が恐竜たちを追い詰めたと考えられている。

先に紹介したように、恐竜の絶滅の直接的な原因は、隕石の衝突による地球規模の気候変動であるとされている。しかし、それ以前から植物をエサにしていた草食恐竜は、被子植物の進化に追いつくことができずに、次第に生息場所を失って追いやられていったとされているのである。

もちろん、恐竜もまったく進化をしなかったわけではない。

たとえば、子どもたちに人気のトリケラトプスは、花が咲く被子植物を食べるように進化をしたとされる恐竜の一つである。

それまでの草食恐竜たちは、裸子植物と競って巨大化し、高い木の葉が食べられるように、首を長くしていった。しかし、トリケラトプスは違う。トリケラトプスは足が短く、背も低い。しかも、頭は下向きについている。その姿はまるで草食動物のウシやサイのようだ。これは地面から生える小さな草花を食べるのに適したスタイルである。

ただ、被子植物の進化の速度は、恐竜の進化を確実に上回っていたことだろう。トリケラトプスでさえも植物の進化についていくことは難しかったはずである。とにかく、被子植物は短いサイクルでさまざまな工夫を試みる。

たとえば、被子植物は食べられないように、さまざまな試みをする。その中で、アルカロイドという毒成分を身につけた。恐竜はそれらの物質に対応することができずに、消化できずに中毒死を起こしたのではないかと推察されている。実際に、白亜紀末期の恐竜の化石を見ると、器官が異常に肥大したり、卵の殻が薄くなるなど、中毒を思わせるような深刻な生理障害が見られるという。そういえば、恐竜が現代に蘇《よみがえ》るSF映画「ジュラシック・パーク」でもトリケラトプスが有毒植物による中毒で横たわっているシーンがあった。

カナダ・アルバータ州のドラムヘラーからは、恐竜時代末期の化石が多く見つかっている。この地域の七五〇〇万年前の地層からは、トリケラトプスなど角竜が八種類も見つかっているのに対して、その一〇〇〇万年後には、角竜の仲間はわずか一種類に減少してしまっているという。一方、この間に哺乳類の化石は、一〇種類から二〇種類に増加している。

確かに、恐竜絶滅の直接的なきっかけは隕石の衝突だったかも知れない。しかし、被子植物の劇的な進化によって、それに対応できなかった恐竜たちは次第に衰退の道を歩んでいったのである。

新しいものが良いとは限らない

進化した被子植物が分布を広げていく中で、末期の恐竜たちは追いやられた裸子植物と共に見つかるという。温暖な地域に被子植物が広がると、裸子植物は寒冷な土地へと分布を移動させていった。じつは、被子植物に圧倒された裸子植物だったが、北方の地域で安住のすみかを獲得したのである。

その秘密は、裸子植物が持つ時代遅れの仕組みにある。

被子植物は、水を効率よく運ぶ導管を発達させた。しかし、この新しいシステムには、欠点があった。それは水の凍結に弱いという点である。

導管の中は水がつながって水柱となっている。そして、葉の表面から蒸散によって水が失われるとその分だけ水が引き上げられる。このシステムによって導管を持つ植物は水を吸い上げているのである。そのため、導管の中で水のつながりに切れ目ができると、水を吸い上げることができなくなってしまう。

ところが、導管の中の水が凍結すると、氷が溶けるときに生じた気泡によって水柱に空洞が生じてしまう。すると、水柱のつながりがなくなり、水を吸い上げることができなくなってしまうのである。これは植物にとって致命的である。

一方、裸子植物の仮導管は、細胞と細胞の間に小さな穴があいていて、この穴をとおして細胞から細胞へと順番に水を伝えていく仮導管という方法で水を運んでいる。これは水を一気に通す導管に比べると、水を運ぶ効率がすこぶる悪い。いかにも古臭いシステムである。しかし、細胞から細胞へと確実に水を伝えるので、導管のようなことは起きにくい。そのため、裸子植物は、凍《い》てつくような場所でも水を吸い上げて生き残ることができるのである。

こうして、裸子植物は凍結に強いという優位性を生かして、極寒の地に広がって生き延びた。

現在でも、シベリアやカナダの北方地帯に分布するタイガや、北海道のトドマツ林やエゾマツ林の例に見られるように、裸子植物の針葉樹林は高緯度の寒冷地に分布しているイメージがある。それらの植物は、被子植物の迫害を受けた裸子植物の末裔《まつえい》たちなのである。

御神木にはスギが多い理由

大木と呼ばれる木は日本にいくつかあるが、多いのは杉の木である。スギは五〇メートルを超えるようなものが多くある。ちなみに、世界一高いとされる木は、アメリカのカリフォルニア州にあるセコイアメスギで、約一一二メートルもあるとされている。

スギもセコイアメスギも、裸子植物である。

じつは、高木には裸子植物が多い。

そもそも、見上げるような高い木は、どのようにして、高い位置にまで水を引きあげているのだろう。植物が水を引きあげる力の源が、蒸散である。植物の葉の裏には空気を出し入れするための気孔がいくつもある。この気孔から、植物体内の水分が水蒸気となって外へ蒸発していく。これが蒸散である。植物の体内では気孔から、根までの水の流れはずっとつながっていて、一本の水柱のようになっている。そのため、蒸散によって水が失われると、それだけ水が引き上げられるのである。ちょうどストローを吸うと水が吸い上げられるような感じである。ただし、これは導管の発達した被子植物の話である。

被子植物の導管は、水を通す上で効率が良いと、木の高さが高くなるほど水柱が切れてしまう危険性が増す。導管は水柱がつながっていて水の凝集力によって水を吸い上げることができる。そのため、水がつながった水柱が切れてしまうと水を吸い上げることができなくなってしまうのである。

ところが、裸子植物は違う。

進化の上でより古いタイプの植物である裸子植物は導管が発達しておらず、細胞から細胞へ水を受け渡す仮導管という古いシステムで水を吸い上げている。この仮導管は水を運ぶ効率はすこぶる悪いが、確実に水を伝えることができる。そのため、高い位置まで水を運ぶことができるのである。高木に裸子植物が多いのは、そのためなのだ。

けっして古いタイプが悪いわけではない。古い植物にも新しい植物にはない良さがあるものなのだ。

植物の進化

本章の最後に、植物の進化から、植物の分類を振り返ってみよう。

地球に生命が誕生した三八億年前から、生命はずっと海の中で進化を遂げてきた。

植物が陸上に進出した時代は明確ではないが、およそ四億七〇〇〇万年前に古生代オルドビス紀であると考えられている。

陸上に生える植物は、コケ植物と維管束植物に分かれる。維管束植物は、コケ植物から進化を遂げたというわけではなく、実際には、コケ植物と維管束植物とは、それぞれ別の進化を遂げたと考えられているが、維管束植物の方が新しいシステムを持つ植物である。維管束植物は、維管束を持つことによって、効率よく水分を体中に運搬することが可能になり、植物は乾燥地帯への進出と、巨大化が可能になったのである。

次に、維管束植物の中には、胞子で増えるシダ植物と、種子で増える種子植物とがある。シダ植物が広がるようになったのは、およそ四億年前の古生代のデボン紀と呼ばれる時代であった。そして、デボン紀には、二〇メートルを超えるような、巨大なシダ植物の森が形成されていったのである。

そして、デボン紀の終わり頃になると、繁栄したシダ植物の中から裸子植物が進化を遂げた。そして裸子植物が巨木の大森林を作ったのである。この時期は石炭紀と呼ばれている。巨大な裸子植物が、地中に埋もれて化石となった。それが石炭である。

やがて中生代になると、裸子植物の繁栄とともに、多くの恐竜が繁栄を遂げた。裸子植物がもっとも台頭したのは、中生代ジュラ紀のことである。

そして、中生代の白亜紀になると、花を作り、果実を作る被子植物が登場し、現在では被子植物は、もっとも繁栄した植物となっているのである。

★第三章のまとめ　花は誰がために咲く

植物が花を咲かせるのは、当たり前のことではない。植物にとって、花を咲かせ、実を結ぶということは画期的なことだったのだ。そして、大繁栄を遂げた恐竜でさえ、この革命的な被子植物の進化に対応できずに、絶滅してしまった。

一方、被子植物の花と共生関係を築いた昆虫や、被子植物の果実と共生関係を築いた哺乳類や鳥類は、その後、大繁栄を遂げるのである。

花や果実は植物にとって、じつに戦略的な発明だったのだ。

花は昆虫に見つけてもらいやすいように、美しい花びらで目立たせる。そして、昆虫たちのために蜜を用意して、甘い香りを漂わせるのである。つまり、昆虫が花に呼び寄せられるのは、被子植物にとっても、昆虫にとっても実利的な意味がある。

また、果実は鳥に見付けてもらいやすいように、鮮やかに色づく。そして、鳥たちのために甘い果肉を用意するのである。鳥が果実に呼び寄せられるのは、被子植物にとっても、鳥にとっても、実利的な意味があるのだ。

人間は果実を見れば、美味《おい》しそうと思う。これは、ごく自然なことである。果実をエサにしていたサルを祖先に持つ人類は、赤い色を見ると食欲が刺激される。

ハンバーガーショップや牛丼屋、ラーメン屋など飲食店が赤系統の色をしていたり、私たちが赤ちょうちんに惹きつけられるのは、「赤色」が植物の果実のサインの色だからである。

ところが、人間は植物の花にも惹《ひ》きつけられる。植物の花が人間を惹きつける実利的な意味はまったくない。人間にとっても、花はエサにもならない意味のないはずのものなのに、である。

どうして人間は、花を美しいと感じるのだろうか。どんなに生物学や進化学を紐解《ひもと》いても、人間が花を愛する合理的な理由は見当たらない。

それでも、人間は、花を美しいと思う。そして、美しい花を見ると心癒される。

動物は生存に必要のない花を愛さない。しかし、人間は花を愛する動物である。

生存に関係のないところに「美しさ」を感じ、それを愛《め》でる。それは、音楽や絵画も同じである。花を美しいと感じる心は、人間の文化の一つでもある。

人間は火や道具を使うことで、他の動物と区別されるというが、花を愛するということも、人間を人間たらしめているのである。

第四章　植物は食べられ放題なのか？——弱くて強い植物の防御戦略

食物連鎖の中で植物は「生産者」と言われる。太陽の光を使って光合成を行い、生きるのに必要な糖分を作り出す。そして、土の中の水と養分から、さまざまな栄養素を作り出すからである。

これに対して動物は消費者と呼ばれる。動物は自ら栄養分を作り出すことができない。そのため、植物が作り出した栄養分をもらって生きているのである。

草食動物は、植物を食べて植物の作り出した栄養分を摂取している。そのため、草食動物は一次消費者と呼ばれている。これに対して肉食動物は、草食動物を食べることで、間接的に植物が作り出した栄養分を摂取している。そのため、肉食動物は二次消費者と呼ばれている。そして、消費者である動物は生産者である植物が作り出した養分を消費しているのである。

生産者である植物は、消費者である動物に食べられる一方である。それでは、食べられる一方の植物は弱い存在なのだろうか。

食物連鎖の底辺の存在

自然界は「弱肉強食」と言われる。強い生き物が弱い生き物を食う。この食う食われるの関係は、食物連鎖と呼ばれている。

たとえば、アフリカのサバンナでは、草原の草を草食動物のシマウマが食べ、シマウマを肉食動物のライオンが食べる。

もっとも、食物連鎖はこのような単純なものばかりでなく、複雑なものも多い。草の葉をバッタが食べ、バッタをカマキリが食べる。そして、カマキリをカエルが食べ、そのカエルをヘビが食べて、ヘビをタカが食べる。水の中の生態系でも同じである。植物プランクトンをミジンコなどの動物プランクトンが食べる。その動物プランクトンを小さな魚が食べ、小さな魚を大きな魚が食べる。こうして、自然界は食う食われるの関係でつながりあっているのである。

この食う食われるのスタートとなるのが、植物である。食物連鎖は、草食動物が植物を食べるところから始まる。つまり、植物は食物連鎖の底辺に位置しているのである。

しかし、本当に植物は、自然界でもっとも弱い生き物なのだろうか。

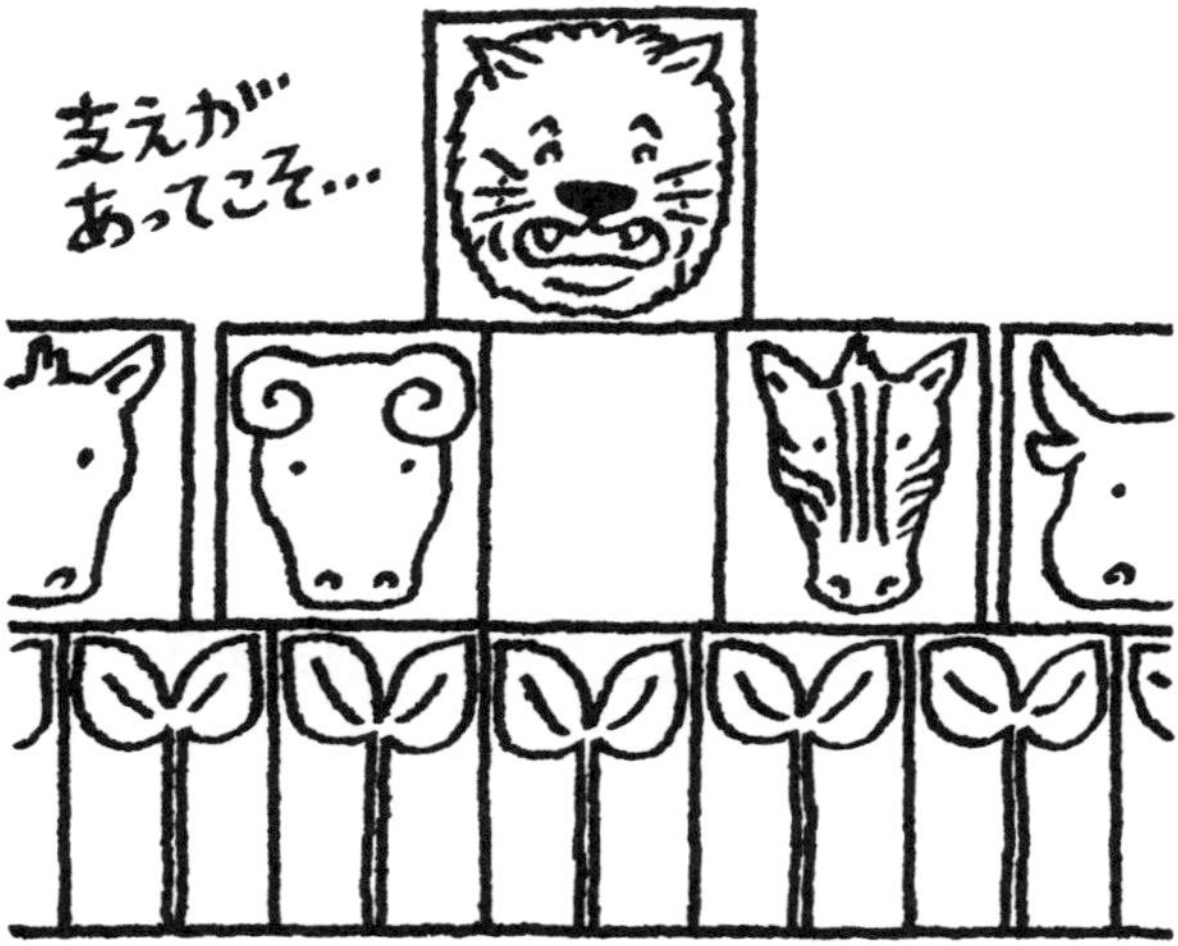

食う食われるの関係は、食物連鎖のピラミッドで表される。植物は、ピラミッドの底辺の存在である。草食動物は、植物の上の存在である。そして草食動物を食べる肉食動物はその上になる。そして、その動物を食べる動物がその上にというように、ピラミッドは積みあがっていく。

しかし、よく見るとピラミッドが上に行くほど、三角形が狭まっていくのがわかるだろう。生存できる生き物の数は、エサの量によって決まる。底辺にある植物の量が多ければ多いほど、草食動物の生息数は増える。そして草食動物が増えれば、それを食べる肉食動物も増えることができるのである。逆に植物が減ってしまえば、草食動物も減り、肉食動物も減ってしまう。

強いと言われるピラミッドの上位にいる生き物は、実はピラミッドの下にある生き物に依存しているのである。

植物は動物がいなくても生きていくことができる。しかし、すべての動物は植物がいないと生きていけない。

ピラミッドの上に行けば行くほど、その生存基盤は危うくなってくるのである。

どんなに強い動物も、食わなければ生きられない。強いと言われるトラやワシは、どうだろうか。食物連鎖の上にいる強い生き物の方が、絶滅の恐れがあるくらい減ってしまっている。もしかすると、ピラミッドの底辺にいる植物が、一番、強いかも知れないのである。

食べられないための工夫

そうは言っても、植物は食べられる存在である。

ピラミッドを支える植物の方が強いのだ、と強がって見ても、食う食われるの関係では、植物は食われる一方である。

植物は、どのようにして草食動物から身を守れば良いのだろうか。

その、対抗手段の一つが、毒を持つことである。前章で紹介したように、被子植物がさまざまな毒成分を持ったことは、恐竜を衰退に追いやっていった理由の一つであるとされている。

一方、哺乳類は、植物が発達させた毒成分に対する能力を身につけた。まずは、毒成分を食べて死んでしまわないように、いち早く毒を認識する必要がある。

それが味覚である。

私たち人間も哺乳類である。私たちは、植物が持つ毒成分を口に入れると、舌が感知して、辛味や苦味を感じる。そして、毒を飲み込むことなく、吐き出すことができるのである。

味覚は、けっして美味《おい》しい食べ物を味わうために発達したものではない。体にとって安全で栄養価が高いものは、甘味や旨味《うまみ》があり、体に危険なものは苦味や辛味がある。また、腐ったものは酸味がある。こうして、食べ物の危険度をいち早く判別するために味覚があるのである。

他の動物たちが、どのような味覚を持っているかはわからないが、同じように体に良いものは美味しく、危険なものは心地の悪い感じがあるのだろう。

もっとも、動物が味覚を獲得することは、植物にとっても都合の良いことであった。

せっかく毒で身を守ろうとしているのに、体の大きい動物が毒に気が付くことなく死ぬまで食べ続けたとしたら、どうだろう。天敵である哺乳類は最後には命を落としてしまうとしても、それまでには、かなりの量の葉を食べられてしまうことだろう。これでは、被害が大きい。

植物にしてみても、動物を殺してしまいたいわけではない。それよりも、ひと口、口に入れた時点で食べられないと判断して、食べるのをやめてくれた方が、植物にとっては都合が良いのである。

もしかすると、動物が苦味として毒を認識する機能を進化させる一方で、植物の方も認知されやすい物質を持つように進化していったのかも知れない。

毒に対する草食動物の進化

植物の毒成分を認識することは大切だが、すべての植物が毒成分を持ち始めると、それではエサがなくなってしまう。そのため、植物の毒成分に対して、動物の次の手段は、毒を無毒化して、植物を食べることである。

イヌやネコは、チョコレートを大量に食べると中毒を起こして死ぬとされている。これは、カカオが持つテオブロミンというアルカロイドがイヌやネコにとっては毒成分なのである。イヌやネコは、このテオブロミンに対する対抗手段を持っていないのである。

一方、人間にとってはチョコレートが毒などとは、とても信じられない。美味しいお菓子である。テオブロミンは有毒な物質だが、人間はこれを代謝して無毒化させることができるのである。

人間もテオブロミンは、毒成分を表す苦味として察知するが、人間は程よい苦味として、おいしく感じる。

人間が野菜として食べているタマネギやネギも、イヌやネコには有毒な植物である。タマネギやネギが持つアリルプロピルジスルファイドが、動物に対する毒成分なのである。もちろん、人間はこの毒成分に対する対抗手段を持っているので、タマネギやネギを食べても、まったく問題はない。

しかし、イヌやネコは違う。もともと肉食動物であるため、野生では植物を食べることはない。そのため、植物の毒に対する感覚や防御システムが発達せず、まったくの無防備なのである。

イヌやネコにとって有毒なチョコレートやタマネギを人間がおいしく食べられるということ

とは、人間がそれだけ植物に対する防御を進化させてきた証拠でもある。

草食動物の進化

植物を専門に食べる草食動物は、人間よりももっと発達している。たとえばウサギは、麻酔の前投与薬であるアトロピンと言う薬が効かないという。アトロピンは、ナス科の植物が持つアルカロイドである。草食動物であるウサギは、植物に対する防御手段を発達させた結果、このアルカロイドさえも分解する酵素を持っているのである。

エサが豊富な環境であれば、毒草を食べる必要はないが、ウサギのような小さな草食動物は、エサが限られた場所では毒草であっても食べないわけにはいかない。そのため、ウサギはアルカロイドを分解できるように進化を遂げているのである。さらに、ウサギにとっては、毒草を食べることで、大型の草食動物とエサを巡って争わなくても良いという利点もあるだろう。

また、オーストラリアに棲《す》むコアラは、ユーカリの葉だけを食べる。しかし、ユーカリは有毒植物である。コアラはユーカリしか食べないということは、毒草のみをエサにしているということなのだ。コアラは二メートルにもなる哺乳類最長の盲腸を持っていて、盲腸内の細菌がユーカリの毒を解毒しているのである。

　草食動物も、植物が持つ毒に対して無策だったわけではないのだ。

苦味がうまいという奇妙な動物

植物は、さまざまな物質で身を守り、動物は苦味や辛味として、その物質を認識し、食べるのを避ける。これが、植物と動物とが作りだしたルールである。

　ところが、あろうことか、毒成分である苦味や辛味の成分をおいしいととらえる動物まで現れた。それが我々人間である。

　たとえば、私たちが口にするピーマンやニガウリは未熟な果実である。未熟なうちに食べられないように、葉に隠れるように色を緑にし、苦味物質を持っているのである。ピーマンも熟せば赤く色づくし、ニガウリも黄色くなる。そして、鳥に種子を運んでもらおうとするのである。

　ところが、人間という動物は、苦い方が美味《うま》いといって、未熟なピーマンやニガウリの方を食べているのだから、植物にとっては、迷惑な話である。

ピーマンやニガウリが嫌いな子どもたちは多い。

子どもたちは甘いものが大好きである。砂糖や甘味料があふれた現代では、甘いものは体に悪い印象もあるが、本来、甘味は熟した果実の味である。自然界に甘いもので体に悪いものはない。だからこそ、子どもたちは甘いものを好み、苦味を嫌うのである。子どもたちの味覚は、動物としては、じつに正常なのだ。

ピーマンやニガウリは食べられたくないと思って、苦味物質を持っている。そして、子どもたちは苦いピーマンやニガウリを食べたくないと思っている。

本当は、子どもたちとピーマンの利害は一致しているのである。

どうして有毒植物は少ないのか?

植物が毒を作るという戦略は、極めて有効な手段である。

それでは、どうして、すべての植物が毒をもった有毒植物にならないのだろうか。

植物は、病原菌や害虫から身を守るための物質も持っている。これらの物質の多くは、炭水化物から作られる。炭水化物は植物が光合成をすれば作りだすことができるので、成長しながら光合成をして稼いでいけば、いくらでも作りだすことができる。

一方、動物に対する対抗手段として効果的な毒成分は、アルカロイドである。このアルカロイドは窒素化合物を原料とする。窒素は、植物が根から吸収するものであり、限りある資源である。窒素は、植物の体を構成するタンパク質の原料であり、成長に不可欠なものである。そのため、植物がアルカロイドなどの毒成分を生産しようとすれば、成長する分の窒素を削減しなければならないのだ。

植物にとって、動物に食べられないことは大切なことだが、それだけにエネルギーを注ぐわけにはいかない。成長をするということは、植物にとってもっとも大切なことなのだ。

植物は種類もたくさんあるから、エサとなる植物が生い茂っているような場所では、動物に食べられることは、そんなに頻繁にあるわけではない。苦労して少しばかりの葉を守るよりも、他の植物に負けないように生い茂り、枝や葉をそれだけ増やした方が良いのである。

草原の植物の進化

毒で身を守っても、動物はそれに対する対抗手段を発達させてくるから、エネルギーとコストを使って毒を作っても効果が少ない。それでは、どうすれば良いのだろうか。

植物にとって、動物に食べられる脅威にもっともさらされている場所が、草原である。深い森であれば、草や木が複雑に生い茂り、すべての植物が食べ尽くされるということはないだろう。しかし、見晴しの良い草原は、植物は隠れる場所がない。さらに、生えている植物の量も限られている。草食動物たちは、少ない植物を競い合うように食べあさる。

草原の植物たちは、どのように身を守れば良いのだろうか。

草原で食べられる植物として、際立った進化を遂げたのが、イネ科の植物である。イネ科植物は、食べにくくて、固い葉を発達させた。

イネ科植物は、葉が固い。イネ科植物は、葉を食べにくくするために、ケイ素で葉を固くしているのである。ケイ素はガラスの原料にもなるような固い物質だ。また、野原でススキの葉で指を切ってしまった経験をもつ方もおられることだろう。ススキの葉のまわりは、のこぎりの刃のようにガラス質が並んでいる。これは何とも食べにくい。

それだけではない。さらに、イネ科植物は葉の繊維質が多く消化しにくくなっている。こうしてイネ科植物は、葉を食べられないようにして身を守っているのである。

イネ科の植物がガラス質を体内に蓄えるようになったのは、六〇〇万年ほど前のことであると考えられている。これは、動物にとっては、劇的な大事件であった。このイネ科の進化によって、エサを食べることのできなくなった草食動物の多くが絶滅したと考えられているのだ。

身を低くして身を守る

さらに、イネ科植物は、他の植物とは大きく異なる特徴がある。

普通の植物は、茎の先端に成長点がある。そして、新しい細胞を積み上げながら、上へ上へと伸びていくのである。しかし、この成長では茎の先端を食べられると大切な成長点が食べられてしまうことになる。

そこで、イネ科の植物は成長点をできるだけ低くすることにした。もちろん、イネ科植物も茎の先端に成長点がある。しかし、茎を伸ばさずに株もとに成長点を保ちながら、そこから葉を上へ上へと押し上げる成長方法を選んだのである。これならば、いくら食べられても、葉っぱの先端を食べられるだけで、成長点が傷つくことはない。これは植物の成長方法としては、まったく逆転の発想である。

しかし、この成長方法は重大な問題がある。

上へ上へと積み上げていく方法であれば、細胞分裂をしながら自由に枝を増やして葉を茂らせることができる。しかし、作り上げた葉を下から上へと押し上げていく方法では、後から葉の数を増やすことができないのだ。

そこで、イネ科植物は成長点の数を次々に増やしていくことを考えた。これが分《ぶん》げつである。イネ科植物は、茎の高さは、ほとんど高くならないが、少しずつ茎を伸ばしながら、地面の際に枝を増やしていく。そして、その枝がまた新しい枝を伸ばすというように、地面の際にある成長点を次々に増殖させながら、押し上げる葉の数を増やしていくのである。そのため、イネ科植物は地面の際から葉がたくさん出たような株を作るのである。

栄養のない植物

イネ科植物の工夫はそれだけではない。

コメやコムギ、トウモロコシなどイネ科の植物は、人間にとって重要な食糧である。しかし、人間が食用にしているのは、植物の種子の部分である。イネ科植物は、葉が固いので、とても食べられないのだ。しかし、人類は火を使うことができる。固いだけなら、調理をしたり、加工をしたりして、何とか食べられそうなものだ。

じつは、イネ科植物の葉は固くて食べにくいだけでなく、苦労して食べても、ほとんど栄養がない。そのため、葉を食べることができないのである。イネ科植物は、食べられないようにするために、葉の栄養分をなくしているのである。しかし、植物は光合成をして栄養分を作りだしているはずである。イネ科植物は、作りだした栄養分をどこに蓄えているのだろうか。

イネ科植物は、地面の際にある茎に避難させて蓄積する。そして、地面の上の葉はタンパク質を最小限にして、栄養価を少なくし、エサとして魅力のないものにしているのである。

このように、イネ科植物は葉が固く、消化しにくい上に栄養分も少ないという、動物のエサとして適さないように進化をしたのである。

草食動物の反撃

この固い葉を持ったイネ科植物を食べなければ、草原で生き残ることはできない。そして、このイネ科植物を食べられるように進化を遂げたのが、ウシやウマなどの草食動物である。

たとえば、ウシは胃が四つあることが知られている。この四つの胃で、繊維質が多く固くて栄養価の少ない葉を消化していくのである。

四つの胃のうち、人間の胃と同じような働きをしているのは、四つ目の胃だけである。それでは、それ以外の三つの胃は、どのような役割があるのだろうか。

一番目の胃は、容積が大きく、食べた草を貯蔵できるようになっている。そして、微生物が働いて、草を分解し栄養分を作りだす発酵槽にもなっているのである。

まるでダイズを発酵させて栄養価のある味噌《みそ》や納豆を作ったり、米を発酵させて日本酒を作りだすように、ウシは胃の中で発酵食品を作り出しているのである。

二番目の胃は食べ物を食道に押し返し、反芻《はんすう》をするための胃である。

反芻とは胃の中の消化物を、もう一度、口の中に戻して咀嚼《そしゃく》することである。牛は、エサを食べた後、寝そべって口をもぐもぐとさせている。こうして食べ物を何度も胃と口の間で行き来させながら、イネ科植物を消化していくのである。三つ目の胃は、食べ物の量を調整していると考えられており、一番目の胃や二番目の胃に食べ物を戻したり、四番目の胃に食べ物を送ったりする。そして、四番目の胃でやっと胃液を出して、食べ物を消化するのである。つまり、本来の胃である四番目の胃の前に、イネ科植物を前処理して葉をやわらかくし、さらに微生物発酵を活用して栄養価を作りだしているのである。

草食動物が巨大な理由

ウシだけでなく、ヤギやヒツジ、シカ、キリンなども反芻によって植物を消化する反芻動物である。

ウマは、胃を一つしか持たないが、発達した盲腸の中で、微生物が植物の繊維分を分解するようになっている。こうして、自ら栄養分を作りだしているのである。また、ウサギもウマと同じように、盲腸を発達させている。

このようにして、草食動物は、さまざまな工夫をしながら、固くて栄養価のないイネ科植物を消化吸収し、栄養を得ているのである。

それにしても、栄養のほとんどないイネ科植物だけを食べているにしては、ウシやウマは体が大きい。どうして、ウシやウマはあんなに大きいのだろうか。

草食動物の中でも、ウシやウマなどは主にイネ科植物をエサにしている。イネ科植物を消化するためには、四つの胃や長く発達した盲腸のような特別な内臓を持たなくてはならない。さらに、栄養の少ないイネ科植物から栄養を得るためには、大量のイネ科植物を食べなければならない。

この発達した内臓を持つためには、容積の大きな体が必要になるのである。

単子葉植物の進化

ここで紹介したイネ科植物は、単子葉植物である。

単子葉植物は、双子葉植物から進化を遂げた植物である。現在では、被子植物のおよそ四分の一が単子葉植物であるとされている。

単子葉植物がどのように進化したのかは、よく分かっていない。

単子葉植物と双子葉植物の違いは、その名のとおり、双子葉植物の子葉が二枚であるのに対して、単子葉植物は一枚である。さらに、教科書を見ると、双子葉植物は茎の断面に形成層という導管と師管から成るリング状のものがあるのに対して、単子葉植物では形成層がない。

そう考えると、単純な構造をした単子葉植物の方が古い植物で、発達した双子葉植物の方が進化した植物のような感じもするが、実際は違う。じつは、単子葉植物の方が新しい植物なのである。

単子葉植物は、木となるモクレンやクスノキの仲間から分かれて進化をしたと考えられている。前章の七七ページで紹介したように、被子植物は大木となる木から、小さな草へと進化を遂げた。じつは、最初に草としての進化を遂げたのは、単子葉植物である。

やがて、双子葉植物の中にも、草として進化を遂げるものが現れた。単子葉植物の草本と、双子葉植物の草本は、それぞれ別々に進化を遂げたのである。

現在でも単子葉植物は、すべてが草本性である。単子葉植物は余計なものを捨てて、草としての独特の進化を遂げているのである。

単子葉植物と双子葉植物

単子葉植物は、スピードと機動性に優れている。

オリンピックの陸上選手や水泳選手が、余計な贅肉《ぜいにく》をそぎ落とし、最軽量のユニフォームで、体毛までそり落としてしまうように、スピードを重視するために、余計なものを失くしてしまったデザインが単子葉植物である。

単子葉植物の子葉が一枚なのは、もともと二枚あった子葉がくっついて一枚になったとされている。また、単子葉植物は形成層がない。形成層のようなしっかりとした構造は、茎を太くして、植物体を大きくするために必要である。たとえば、木の切り株の年輪が形成層である。こうして、じっくりと年輪を刻んでいけば頑丈だが、成長に時間が掛かる。そのため、

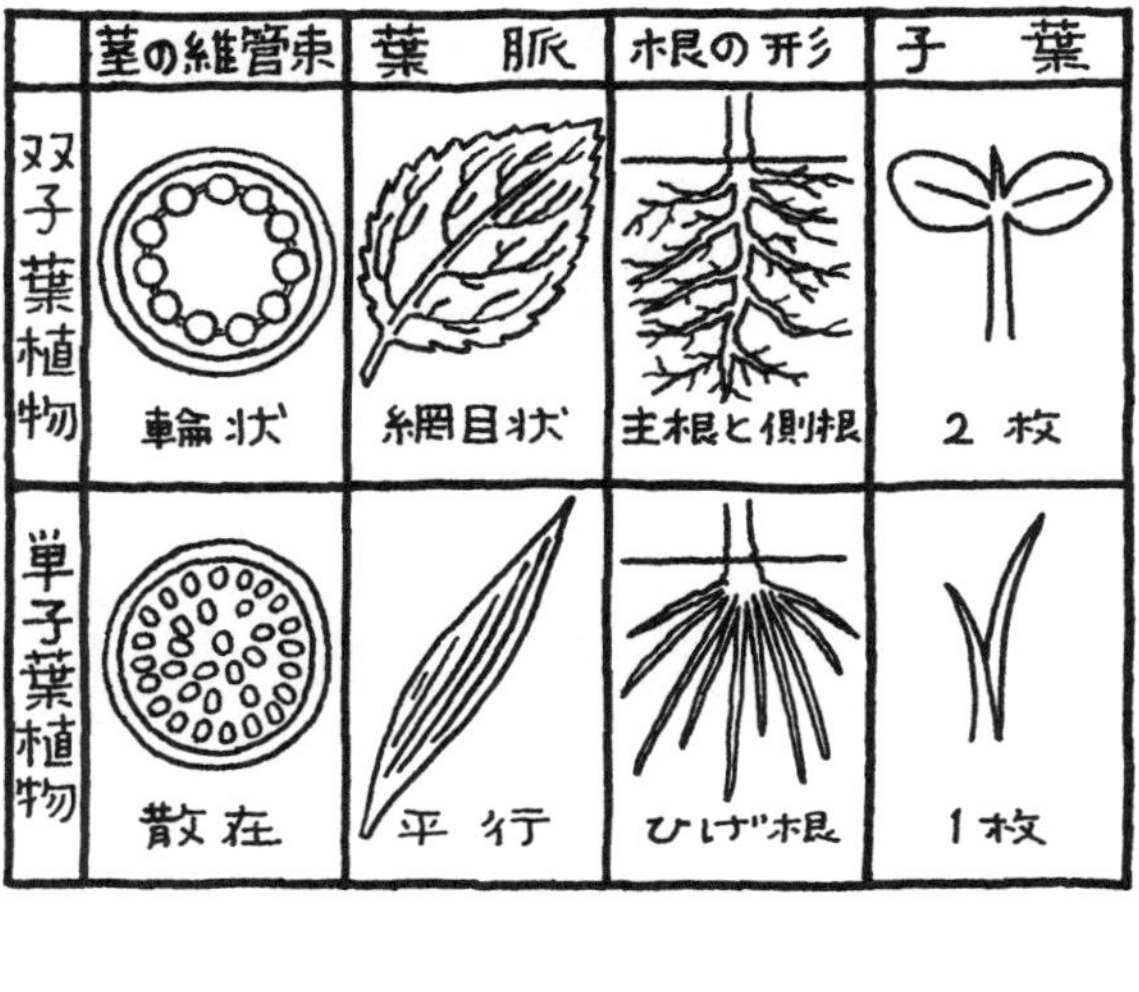

単子葉類と双子葉類の違い

単子葉植物は、スピードを重視して、形成層をなくしてしまったのである。

イルカは足が退化しているが、それは水中生活に適応するために進化したものである。鳥はくちばしを発達させることによって、歯を退化させた。単子葉植物も、草としてスピーディな成長をするために、形成層を捨てたのである。

また、単子葉植物は根本から葉を茂らせて、茎を伸ばさない。そして、花を咲かせるときにだけ、茎を伸ばすのである。先述のイネ科植物はその典型である。イネ科植物は、根元から葉だけを茂らせて、穂をつけるときだけ、一気に茎を伸ばす。

ユリやチューリップなども単子葉植物である。ユリやチューリップは茎を伸ばしているイメージがあるが、最初のうちは球根から葉だけを生やしている。そして、花を咲かせるときにだけ茎を伸ばすのである。私たちが目にするユリやチューリップは、花を咲かせるときなので茎が目立つのである。

もちろん、双子葉植物の中にも、タンポポのように葉だけを広げておいて、花を咲かせるときにだけ茎を伸ばすものがある。茎を伸ばさずに、地面の際に低く成長点を構えるスタイルは、それだけ機能的だということなのである。

単子葉は「ひげ根」の理由

第一章で学んだように、植物の体は、基本構造の繰り返しである。

特に、枝分かれ構造を繰り返すことによって、複雑な形を作ることができる。この枝分かれ構造の繰り返しによって、植物は枝を張り、葉を茂らせていく。枝分かれ構造の繰り返しは、空間を無駄なく埋めることができるし、根っこから枝葉のすみずみにまで水や養分を運んで行きわたらせることもできる。じつに機能的な構造である。

しかし、単子葉植物にとって重要なことは、時間を掛けてしっかりとした成長をするよりも、とにかくスピードで勝負することである。

料理で言えば、熟練のシェフが、じっくりと下ごしらえして手の込んだ料理を作るよりも、誰でもできるマニュアルで注文から間もなく料理を出すファストフードのようなものだし、サッカーで言えば、じっくりとパスを回して攻撃を組み立てるよりも、カウンターの縦パス一本でゴールを狙うようなものだ。とにかくスピード勝負なのである。

そうなると、枝分かれ構造で複雑な形を作り上げるよりも、一直線で一気に進んだ方が良い。そのため、単子葉植物は枝分かれ構造を嫌う。

双子葉植物の葉の葉脈は、枝分かれをしている。これは、葉のすみずみにまで水を運ぶことができるように、進化を遂げた結果だ。ところが、気の短い単子葉植物には、これがまどろっこしいのだろう。単子葉植物は枝分かれのない平行脈である。

双子葉植物は、茎を伸ばし枝葉を広げていくが、単子葉植物は茎を伸ばさずに、葉を次々に出していく。根っこも同じである。双子葉植物は主根を伸ばし、そこから側根を枝分かれさせていく。ところが、単子葉植物は、そんなことはしない。枝分かれしない根っこを一本一本伸ばしていく。これが「ひげ根」と呼ばれるものである。

第二章の四三ページで紹介したマツバランは、根っこがなく茎が根の役割をしていた。そして、やがて地面に伸びた茎が根に変化していったのである。植物の体の茎と根は似ている。双子葉植物は、地上部に主茎を伸ばし、枝を分枝させる。そのため、根っこも同じように主根を伸ばし、側根を分枝させるのである。

一方、単子葉植物は茎を伸ばさずに、分げつして株を作る。そして、根っこも主根は伸ばさずにひげ根となるのである。まるで鏡に映したように、地面の上の形と地面の下の形は同じようになるのだ。

ただし、前述のタンポポのように双子葉植物でありながら、単子葉植物のように茎を伸ばさない形に進化したものもあるから注意が必要である。タンポポなどは、地上部は単子葉植物と同じような形に工夫しているが、双子葉植物なので、地面の下の根っこは主根と側根の構造になっている。

最後に復習しておこう。

双子葉植物から分かれて独特の進化をした単子葉植物の特徴は、①子葉が一枚、②形成層がない、③葉脈が平行脈、④ひげ根、と教科書には書かれている。この違いのすべては、スピードを重視した単子葉植物の工夫なのである。

敵を味方につける

第三章では、植物たちが他の生物たちと助け合う「共生関係」を結んできた例を見てきた。たとえば、植物は花を咲かせて、ハチやアブなどの昆虫を呼び寄せる。そして、昆虫に花粉や蜜を与える代わりに、効率よく花粉を運んでもらうことで、受粉を手伝ってもらっているのである。

また、植物は甘い果実で鳥を呼び寄せる。そして、果実をエサとして与える代わりに、種子を運んでもらっているのである。

動けない植物にとって移動できるチャンスは二度しかない。一つ目のチャンスは花粉、そして、二つ目のチャンスが種子である。植物は、この二度のチャンスを最大限に活《い》かすために、昆虫に花粉を運んでもらったり、鳥に種子を運んでもらったりしているのである。

しかし、このような共生関係が、最初から作られたわけではない。

植物が花を咲かせ始めるようになった、まだ恐竜がいた白亜紀、昆虫が花にやってきたのは、花粉を運ぶためではなかった。昆虫たちは、花粉をエサにするために、花にやってきたのである。昆虫は、花粉を食べあさる植物の大敵だったのだ。しかし、昆虫が花から花へと飛び回り花粉を食べるうちに、偶然にも昆虫の体についた花粉が、他の花に運ばれて受粉をした。そして、植物は昆虫を利用するようになり、昆虫のために甘い蜜まで用意してあったのである。憎い敵であったはずの昆虫を巧みに仲間にしたのである。

果実はどうだろうか。植物の果実も白亜紀に発達を遂げた。鳥たちも種子を運んでやろうという親切心で植物に近づいてきたわけではない。種子や種子を守る子房をエサにしようとやってきたのかも知れない。しかし植物は、その鳥をパートナーにして成功した。

植物は「食べられること」を利用して成功してきたのである。

人間という存在

植物は、長い進化の歴史の中で、さまざまな生物と共存関係を結んできた。それに比べて人間はどうだろう。

人間は、さまざまに植物を改良して、その姿や性質を異常なまでに変化させてきた。そして、野菜や果物、そして米や麦などの栽培作物を作りだしてきたのである。キャベツやレタスは、花が咲く前に収穫してしまうし、ピーマンやニガウリは未熟な果実を食べてしまう。まさに自然界のルールを無視した傍若無人な振る舞いである。

人間の身勝手な欲望のままに、利用されてきた栽培植物は、気の毒な存在なのだろうか。植物が昆虫を呼び寄せるのは、交配してより良い子孫を残すためである。しかし、栽培植物は人間が手間を掛けて、交配し、子孫を残してくれる。

また、植物が果実を実らせるのは、鳥に種子を運ばせるためであった。しかし、どうだろう。人間は栽培植物を船や飛行機を使って、各地に広め、世界中で栽培をしてくれている。しかも、種子をまき、水を与え、肥料を与え、害虫や雑草を取り除いて世話をしてくれている。栽培植物にとって、人間はこの上なく便利な存在なのである。

自然界を生き抜き、分布を広げようと進化を重ねる苦労に比べれば、人間の欲求に合わせて、姿や形を変えることなど、植物にとっては何でもないことだったのではないだろうか。

人間が植物を利用しているように見えて、じつはまんまと利用されているのは、人間の方なのかも知れないのである。

★第四章のまとめ　競争の先にある共存

食物連鎖の底辺にある植物は、昆虫や動物に食べられないように、さまざまな防御手段を行っている。しかし、それだけではない。

植物は食べられることで、花粉を運び、種子を運び、分布を広げている。いわば、「食べられること」で成功してきたのである。

植物は、生き馬の目を抜くような厳しい競争の中を生きている。そこにはルールも道徳もない。どんな手段を使っても、生き抜いた方が勝ちという世界である。

自然界の競争の厳しさは、人間社会の競争とは比べ物にならないだろう。

そんな中で、植物は厳しい競争の果てに、共存の道を探し出し、他の生物と助け合って生きる術を身につけた。

お互いが助け合う共生関係のために植物がしたことは何だっただろうか。

植物が意図したわけではなかっただろうが、植物は昆虫に花粉を与え、蜜を与えた。

そして、鳥たちには甘い果実を用意した。こうして、結果的に自分の利益よりも、まず相手の利益のために「与えること」、それが、共生関係を築かせたのである。

キリスト教の言葉に「与えよ、さらば与えられん。」というものがある。

この言葉を説いたキリストが地上に現れるはるか以前に、植物はこの境地に達していたのである。

第五章　生物にとって「強さ」とは何か？——弱くて強い植物のニッチ戦略

自然界は「弱肉強食」「適者生存」であると言われる。

弱いものは強いものに食われる。そして、弱いものは滅び、強いものが生き残る。それが自然界の摂理なのである。しかし、私たちの身の回りを見ると、どう見ても強そうにない生き物もたくさんいる。

石の下で丸くなっているダンゴムシも、強い生き物なのだろうか。花から花へと飛び回るチョウチョウも自然界を生き抜いた強い生き物なのだろうか。

植物はどうだろう。野に咲く小さい草花たちもまた、自然界を生き抜いている。このか弱い草花たちも強い存在だというのだろうか。

植物にとって、生物にとって、「強さ」とはいったい何なのだろうか。

オンリー1か、ナンバー1か

人気グループであるSMAPのヒット曲「世界に一つだけの花」に、次のような歌詞がある。

「ナンバー1にならなくてもいい。もともと特別なオンリー1。」

この歌詞に対しては、大きく二つの意見がある。

一つは、この歌詞のとおり、オンリー1が大切という意見である。世の中は競争社会である。しかし、何もナンバー1にだけ価値があるわけではない。私たち一人ひとりは特別な個性ある存在なのだから、それで良いのではないか。これは、もっともな意見である。

一方、別の意見もある。オンリー1で良いと満足していては、努力する意味がなくなってしまう。世の中が競争社会だとすれば、やはりナンバー1を目指さなければ意味がないのではないか。これも、納得できる意見である。

オンリー1で良いのか、それともナンバー1を目指すべきなのか。あなたは、どちらの考えに賛同されるだろうか?

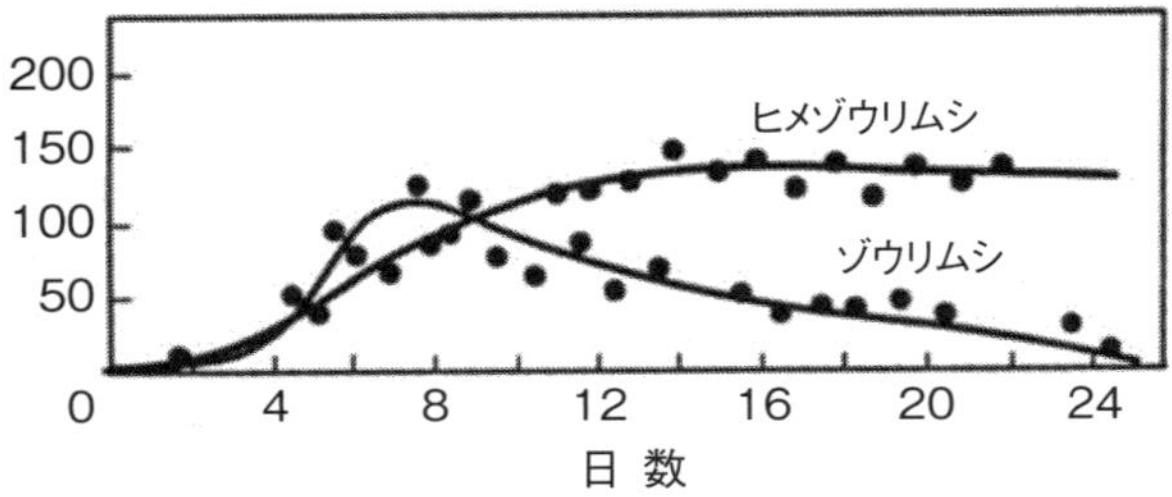

図5-1　同じ水槽でいっしょに飼った二種類のゾウリムシは、一種類だけが生き残り、もう一種類は駆逐されて滅んでしまった。

じつは、生物たちの世界は、この問いかけに対して、明確な答えを持っているのである。

ナンバー1しか生きられない

じつは、生物の世界では、ナンバー1しか生きられないというのが鉄則である。これが「ガウゼの法則」と呼ばれるものである。

旧ソビエトの生態学者ゲオルギー・ガウゼは、ゾウリムシとヒメゾウリムシという二種類のゾウリムシを一つの水槽でいっしょに飼う実験を行った。すると、水やエサが十分にあるにもかかわらず、最終的に一種類だけが生き残り、もう一種類のゾウリムシは駆逐されて、滅んでしまったのである。二種類のゾウリムシは、エサや生存場所を奪い合い、どちらかが滅ぶまで激しく競い合う。そのため、共存することができないのである（図5－1）。

ナンバー1しか生きられない。これが自然界の厳しい掟《おきて》である。

競争社会とは言っても、人間社会の競争はずいぶんと緩やかなので、ナンバー2やナンバー3であっても、銀メダルや銅メダルで称《たた》えられる。しかし、厳しく競い合う自然界でナンバー2はあり得ない。ナンバー2は滅びゆく存在なのである。

やはり、オンリー1ではダメなのか。

そう考えるのはまだ早い。じつは話はそんなに単純ではないのだ。

自然界を見回せば、多種多様な生き物が共存して暮らしている。ナンバー1しか生きられないはずの自然界で、どのようにして多くの生物が存在しているのだろうか?

生き物は争わない

じつは、ガウゼが行った実験には、続きがある。

今度はゾウリムシの種類を変えて、ゾウリムシとミドリゾウリムシで実験をしてみた。すると、驚くことに二種類のゾウリムシは一つの水槽の中で共存をしたのである。

どうして、最初の実験ではゾウリムシは共存できなかったのに、この実験では二種類のゾウリムシが共存しえたのだろうか。

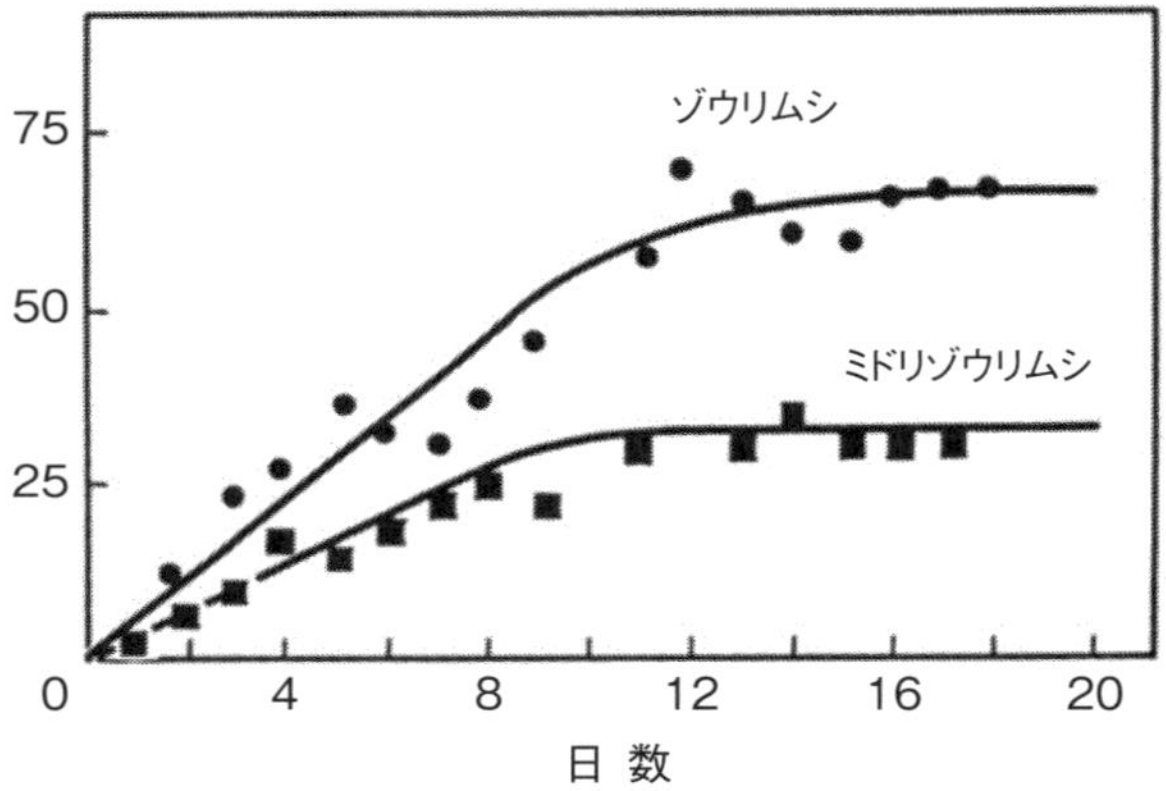

図5-2　棲む場所が異なれば、同じ水槽の中でも二種類のゾウリムシは共存できる

じつは、ゾウリムシとミドリゾウリムシとは、棲《す》む場所とエサが異なるのである。ゾウリムシは、水槽の上の方にいて、浮いている大腸菌をエサにしている。これに対して、ミドリゾウリムシは水槽の底の方にいて、酵母菌をエサにしている。つまり、同じ水槽の中でも、棲んでいる世界が異なれば、競い合うこともなく共存することが可能なのである(図5－2)。

これが「棲み分け」と呼ばれるものである。

そうだとすれば、他の生物と激しく競争しあって、自分の居場所を確保するよりも、他の生物と争わないように、ずらしながら、居場所を探した方が良い。この「ずらす」ということが生物にとっては、重要な戦略になるのである。

すべての生物がナンバー1である

ナンバー1しか生きられない。これが揺るがすことのできない自然界の鉄則である。

しかし、自然界にはさまざまな生物がいる。つまり、それぞれの生物がそれぞれの居場所でナンバー1なのである。すべての生物がナンバー1になれる場所を持っているのだ。このナンバー1になれる場所が、その生物のオンリー1なのである。

ナンバー1であることが大事なのか？　オンリー1であることが大事なのか？

自然界が出した答えはもうわかるだろう。すべての生物はナンバー1である。そして、すべての生物がオンリー1なのである。

もっとも冒頭に紹介したSMAPの「世界に一つだけの花」の舞台は、「花屋の店先に並んだいろんな花」である。人間が世話をしてくれる花屋の花であるなら、ナンバー1でなくとも、オンリー1であればそれでいい。

しかし、自然界であれば、ナンバー1になれる場所を見出さなければ生存することはできない。オンリー1とは、自分が見出した自分の居場所のことなのである。

1
1
1
1
1
1

どこかの場所で、すべての生物はナンバー1である。そして、ナンバー1を勝ち取った生物たちが、この自然界を埋め尽くしているのである。

「ずらす」という戦略

すべての生物は少しずつ居場所をずらして、ナンバー1になれる場所を見出している。ずらし方は、さまざまである。

ゾウリムシの例のように、水槽の上の方と、水槽の底の方というように、場所をずらすという方法もある。もちろん、同じ場所にさまざまな生物が共存して棲むこともある。たとえば、アフリカのサバンナではシマウマは草原の草を食べて、キリンは高い木の葉を食べている。このように同じ場所でもエサをずらすという方法もある。あるいは、昼に活動するものと夜に活動するものというように、時間をずらすという方法もある。

このように条件のいずれかをずらすことで、すべての生物はナンバー1になれるオンリー1の場所を見出しているのである。

このような、それぞれの生物の居場所は、生物学では「ニッチ（Niche）」と呼ばれている。

生物のニッチ戦略

ニッチというと、ビジネスの世界では、ニッチ市場やニッチ戦略というように、マーケティング用語として知られている。

ニッチとは、大きな市場ではなく、大きな市場と大きな市場との隙間にあるような、特定の小さな市場という意味で使われる。これはもともと生物学で使われていた用語が、マーケティング用語として広まったのである。

マーケティング用語として、ニッチというと、「すきま」という意味合いが強いが、もともとは単にすきまを意味するわけではない。

「ニッチ」とは、もともとは、装飾品を飾るために寺院などの壁面に設けたくぼみを意味している言葉である。それが転じて、生物学の分野で「ある生物種が生息する範囲の環境」を指す言葉として使われるようになった。生物学では、ニッチは「生態的地位」と訳されている。

一つのくぼみに、一つの装飾品しか置くことができないのと同じように、一つのニッチには一つの生物種しか住むことができない。そして、すべての生物が自分だけのニッチを持っているのである。もちろん、大きなニッチを持つものもいれば、その隙間の小さなニッチを持つものもいる。そして、そのニッチは重なりあうことがない。もしニッチが重なれば、ゾウリムシの実験に見たように、そこでは、激しい競争が起こり、どちらか一種だけが生き残る。

こうして、世の中のすべての生物が、それぞれのニッチを持っている。そして、ジグソーパズルのたくさんのピースがはまっていくように、たくさんの生物のニッチで埋め尽くされて「生物多様性」と呼ばれる世界が作られているのである。

植物の棲み分け

植物の場合はどうだろう。

動物の世界では、よく似た生物種どうしがニッチを棲み分けている例がよく見られる。しかし、植物の世界を見ると、森にはたくさんの木々が生い茂っているし、野原にはたくさんの花が咲き乱れている。そして、同じ資源である光や水を利用している。

このように、植物の場合は一見すると、同じところにたくさんの植物が生えていて、動物のように、どのようにニッチをずらしているのかは明確ではないことが多い。しかし、さまざまな植物が共存しているように見えても、植物もまたガウゼの法則に従って、それぞれ居場所を分け合っていると考えられている。

たとえば、木々が生い茂っているように見える森も、森の上の方に葉を茂らせている高い木と、森の下に広がる空間に葉を広げる低い木、そして、森の底で木漏れ日を受けながら生えている草、というように空間を棲み分けている。

どこにでも生えているように見える雑草だが、よく観察してみると生える場所は決まっている。道ばたに生えている雑草と、公園に生えている雑草はよく見ると種類が違う。また、同じ道ばたでもよく踏まれる歩道の真ん中と、踏まれ方が少ない道の隅と、まったく踏まれない道の外側では、生えている雑草が違う。こうして環境によって棲み分けている。雑草は何気なく、どこにでも生えているわけではないのだ。

同じように生えていても、ニッチを棲み分けている例は見られる。

ハルジオンとヒメジョオンは、姿の良く似た雑草である。しかも、同じような場所に生えているので、なかなか見分けることができない。このハルジオンとヒメジョオンは、共に北アメリカ原産の外来の植物である。

この二種は、同じような場所に生えているので、ニッチが重なっているように見える。し

ハルジオン
春
初夏
秋
ヒメジョオン

かし、ハルジオンとヒメジョオンは、時期をずらしている。

ハルジオンとヒメジョオンの場合は、ハルジオンが春に咲く。そして、その後の初夏から秋に掛けてヒメジョオンが咲くというように、ニッチをずらしていると考えられている。

西洋タンポポと日本タンポポはどっちが強い？

次にタンポポの例を見てみよう。

よく知られているように、タンポポには外国からやってきた外来の西洋タンポポと、昔から日本にある在来の日本タンポポに大別される。実際には、西洋タンポポと呼ばれる中に、セイヨウタンポポやアカミタンポポなどいくつかの種類があり、日本タンポポの中にもカントウタンポポやカンサイタンポポなどいくつか種類があるが、ここでは単純に「西洋タンポポ」、「日本タンポポ」と表現することにしよう。

外来の西洋タンポポは、勢力を拡大している。これに対して、在来の日本タンポポはだんだんと数を減らしている。そのため、西洋タンポポが圧倒して、日本タンポポが追いやられているように見られることもある。

しかし、実際は少し違う。西洋タンポポと日本タンポポとは棲むニッチが異なるのである。

年中咲こうとする
西洋たんぽぽ
どっちがいい？
春しか咲かない
日本たんぽぽ

西洋タンポポと日本タンポポの特徴を比較してみることにしよう。

まず、種子のサイズは西洋タンポポの方が小さく軽い。タンポポは風で種子を飛ばすから、種子が小さい西洋タンポポの方が、より遠くまで種子を飛ばすことができる。種子が小さいので、その分、種子の数を多くすることができる。そのため、西洋タンポポの方が、日本タンポポよりも種子数が多いのである。

また、日本タンポポは、ハチやアブなどが花粉を運んでこないと種子ができない他殖性であるのに対して、西洋タンポポは自分だけで種子を作ることのできる自殖性である。そのため、仲間がいなくても、ハチやアブなどの昆虫がいなくても、一株だけあれば種子を作ることができるのだ。

それだけではない、日本タンポポは春にしか咲かないのに対して、西洋タンポポは一年中、花を咲かせることができる。

そのため、西洋タンポポは次から次へと花を咲かせ、次から次へと種子を作って、バラまくことができるのである。

こうして見ると、どうも西洋タンポポの方が、日本タンポポよりも繁殖力が旺盛で、強い感じがする。西洋タンポポが大繁殖して、繁殖力の弱い日本タンポポを追いやっているイメージも納得できる。

しかし、実際には違う。日本タンポポには日本タンポポの戦略があるのである。

日本の自然を知り尽くした日本タンポポの戦略

タンポポを指標とした「タンポポ調査」と呼ばれるものが、よく行われている。西洋タンポポは都市化したところに多く分布する。これに対して、日本タンポポは、自然の残った田園地帯や郊外によく見られる。そのため、西洋タンポポと日本タンポポの分布を見ると、環境が都市化しているかどうかがわかるのである。

じつは、日本タンポポは自然が豊かで、他の植物が生えているところでは有利さを発揮する。たとえば、日本タンポポは西洋タンポポよりも種子が大きい。確かに遠くまで飛ばすという点では大きくて重い種子は不利である。しかし、大きくて重い種子からは、大きな芽を出すことができる。これは他の植物の芽生えと競って伸びるためには、必要なことだ。さらに、他の花の花粉と交配することで、バラエティに富んださまざまな子孫を残すことができる。多様な子孫を残すということも、多様な環境があり、さまざまな病害虫に対処しなければならない自然の中で生き残るには大切なことである。

そして、重要な戦略は「春にしか咲かない」ということである。日本タンポポは春に咲いて、さっさと種子を飛ばすと、根だけ残して地面から上は自ら枯れてしまう。これは、冬眠の逆で夏に地面の下で眠っているので、「夏眠」と呼ばれている。

夏が近づくと、他の植物が枝葉を伸ばし、生い茂る。そんなところで、小さなタンポポが頑張っても、光は当たらず生きていくことができない。そこで、強い植物との無駄な争いを避けて、地面の下でやり過ごすのである。

ライバルが多い夏にナンバー1になることは難しいから、ライバルたちが芽を出す前に、花を咲かせて種を残すという戦略なのである。

一方、西洋タンポポは日本の四季を知らないから、他の植物が生い茂る夏の間も、葉を広げ花を咲かせようとする。そのため、西洋タンポポは枯れてしまい、生きていくことができないのだ。同じように枯れているように見えても、自ら葉を枯らして眠っている日本タンポポはまったくダメージがない。一年中咲いている西洋タンポポに比べて、春しか咲かない日本タンポポは劣っているようにも思えるが、じつは戦略的だったのだ。

このように、西洋タンポポは他の植物が生えるような場所には生えることができない。だから、その代わりに他の植物が生えないような都会の道ばたで花を咲かせて、分布を広げているのである。西洋タンポポが広がり、日本タンポポが少なくなっているという現象は、単に他の植物が生えるような元々の日本の自然が減っているからだったのである。

ニッチは小さい方が良い

どんな生き物もナンバー1になれるニッチがなければ生きていくことができない。

しかし、すべての生き物にとって、ニッチは約束された安住の地ではない。実際には、さまざまな生き物がニッチを奪い合って競い合う。ニッチを守るためには、常にナンバー1でありつづけなければならないのだ。

たとえば、高校野球で日本一の栄冠に輝くのは大変である。都道府県で優勝することは全国優勝に比べれば易しいが、それでも大変なことだ。市町村で優勝と言えば、もう少し易しくなる。さらに町内で優勝するとなれば、ライバルはかなり少なくなるだろう。このように範囲を狭めていけば、ナンバー1になりやすくなる。

さらに野球でまともに勝負するのではなく、打率やベースランニングの速さで競ったり、キャッチボールの正確さを誇ったり、少し勝負の内容をずらせば、ナンバー1になりやすい。スポーツはできなくても、プロ野球の選手の名前を誰よりも言えるというナンバー1もいるかも知れない。このように、条件を小さく細かく絞り込んでいけば、ナンバー1になれるチャンスが生まれてくるのである。そして、まともに競い合うことを考えるよりも、条件をずらしながら、ナンバー1になれる場所を探した方が良い。

そのため、多くの生物は小さなニッチを確保して、それを守っている。ニッチが小さいということは、たくさんの生物がニッチを分け合うことができる。

だからこそ、これだけ多くの生物が自然界に共存しているのである。

弱者が強者に勝つ条件

英国の生態学者であるジョン・フィリップ・グライムは、植物の成功戦略を分類し、成功のタイプとして大きく三つの方向があることを示した。それが、CSR戦略と呼ばれるものである。CSRというと、企業の社会的責任（corporate social responsibility）を思い浮かべる人がいるかも知れないが、グライムのそれは、Cという戦略とSという戦略とRという戦略の三つの戦略があるというものである。

Cは、「Competitive：コンペティティブ（競争型）」である。このタイプは、とにかく競争に強い。他の植物を圧倒して成功していく、いわゆる強い植物である。

自然界は弱肉強食の世界である。強い者が生き残り、弱い者は滅びゆく。それは、植物の世界であっても同じである。しかし、強い植物ばかりが成功するかというと、そうでもないところが、自然界の面白いところである。

弱肉強食の世界で、弱者が強者に勝つのは、どのような条件だろうか。

野球の試合を例に考えてみることにしよう。

リーグ優勝を誇るようなプロ野球のチームと、公式戦で一回も勝ったことがないような、弱小の高校野球のチームが対戦するとする。

まず、野球のようなルールが複雑な競技は、番狂わせが起こりやすい。たとえば、これが、プロ野球選手と弱小チームの高校生が、ホームラン合戦をするとか、スピードガンコンテストをするとか、単純な競技で競うと、よほどのことがない限り、実力がある方が勝利する。単純な基準で勝負するよりも、野球のようなさまざまな要因がある方が、勝つチャンスが生まれやすいのだ。

悪条件を味方につける

それでは、いよいよ、プロ野球チームと弱小高校の試合を始めることにしよう。

まず条件が良いときを考えてみよう。お天気は晴れ渡り、風もない。絶好の野球日和である。芝は刈りそろえられ、グラウンドコンディションは最高に整っている。そして、満員に詰めかけた観客。野球をやっている人なら誰でも、いや野球をやっていない人でも、こんな最高の環境で、グラウンドに立ってみたいと思うだろう。

しかし、こんな恵まれた環境で野球をしたとしたら、どうだろう。一〇〇回試合をしたとしても、一〇〇回プロ野球チームの方が勝利を収めるだろう。

恵まれた環境では、両チームともに実力を発揮することができる。そうだとすれば、実力どおり、強いチームが勝つに決まっているのだ。

逆に、条件が悪い場合を考えてみよう。条件は極端に悪い方がいい。天気は大雨だ。土砂降りの雨で、視界も悪い。しかも、風も強く吹いていて、ボールがどこに飛んでいくか、わからない。芝は剝がれ、泥んこ。それどころか水たまりさえある始末だ。それどころか、審判も素人《しろうと》でミスジャッジを連発する。

こんな条件で、野球をやりたいとは誰も思わないだろう。しかし、弱小の高校生チームがプロ野球チームに勝つ奇跡が起こるとしたら、得てしてこんなときである。勝てないまでも、引き分けくらいには、持ち込めるかも知れない。

もし、全天候型のドーム球場に慣れたプロ野球チームに対して、高校生たちは風が吹きすさぶような恵まれないグラウンドで、いつも水たまりで泥んこになりながら練習を積み重ねていたとしたら、どうだろう。番狂わせの可能性はますます高まるだろう。

いや、こんな条件になったら、プロ野球チームは、試合をするのを断ってくるだろう。条件が良いところで野球をすれば、自分たちは負けることはないのだ。わざわざ負けるかも知れないのに、悪条件で試合をする必要があるだろうか。こうなれば、高校生たちの不戦勝である。

悪条件や逆境はいやなものである。しかし、弱小チームが勝利をすることを目的にすれば、悪条件こそが味方になる。つまり、強い植物であるCタイプ以外の植物は、条件が悪いところに活路を見出す必要があるのである。

弱い植物の戦略

強くない植物、いわゆる競争に弱い植物の成功戦略が、SタイプとRタイプである。

Sタイプは「Stress tolerance：ストレス・トレランス（ストレス耐性型）」と呼ばれている。これは、ストレスに対して強いタイプである。

ストレスというものは、何も現代人だけのものではない。植物にもストレスはある。植物にとってのストレスとは、生育に不適な環境要因を言う。たとえば、水がないということや、気温が低いという状態は、植物にとってストレスである。このストレスに強いのが、Sタイプである。

サボテンなどは、Sタイプの典型である。水がなく乾燥した砂漠の環境は植物には過酷である。そんな環境では、激しい競争は起こらない。いくら競争に強いと自負してみてもCタイプは力を発揮するどころか、生きていくことさえままならないのだ。

あるいは、高山で氷雪に耐える高山植物もSタイプの代表的なものだろう。標高が高くなると、深い森を形成していたような木々は生えなくなる。そして、背の低い木や、小さな草花が山の斜面を覆うのである。

砂漠や高山のような過酷な環境を生き抜くのに必要なのは、競争力ではなく、過度なストレスに耐える力なのである。

弱者は変化を好む

グライムの三つの戦略のうちの三つ目がRタイプである。Rタイプは一般に「Ruderal：ルデラル」と呼ばれる。ルデラルは、直訳すると「荒地に生きる」という意味だが、日本語では「攪乱《かくらん》適応型」と呼ばれている。「攪乱」とは激しく環境が変化することを言う。Rタイプは、変化に強いタイプなのだ。

環境が変化するということは、恐ろしいことである。せっかく慣れ親しんだ日常には、浸っていたいものだ。どうせ変化するのであれば、想定内の変化であってほしいと誰もが思う。

しかし、安定した環境では、強い植物が力を発揮する。恵まれた条件では、競争に強い植物には勝つことができない。ニッチを獲得するためには、強い植物に打ち克《か》ち、どこかでナンバー1にならなければならない。そこで、ルデラルは強い植物が力を発揮できない条件として、予測不能な変化が起こる不安定な環境を選んだのである。

強者は、今の環境の中での勝者なのである。どんな植物にとっても環境が変化することは脅威に違いないが、強い植物にとっては、特に恐ろしいことだ。これまでのように勝者であり続けられるかは、わからないのである。

しかも、目まぐるしく環境が変化するとすれば、競争に強いものが有利とは限らない。求められるのは、変化に対応する臨機応変さなのだ。

ただし、グライムの言うCSR戦略は、必ずこの三つのどれかに分類されるというわけではなく、実際にはさまざまな植物がCタイプ、Sタイプ、Rタイプの三つの要素を持ち、そのバランスを変化させて、自らの強みを発揮していると考えられている。

弱い生き物がニッチを獲得するために

悪条件は、多くの生物がニッチを獲得するためのチャンスである。中でも、悪条件の中でも「環境が変化する」ということは、大きな意味を持っているようだ。

安定した条件と、変化が起こる不安定な条件は、生物にとってどちらが居心地の良いものだろうか。不安定な条件は、変化に対応しなければならない、安定した条件の方が良いに決まっている。しかし、安定した条件は、競争に強い生物に有利である。

圧倒的に強い生物は、自分のニッチを広げようと競争を挑んでくる。安定した環境では、競争に強いものがナンバー1となりやすい。そんな中で強い生物と棲み分けるのは、簡単ではない。

一方、変化が起こる不安定な条件は、居心地の良いものではない。

しかし、変化が起これば、さまざまな環境が生まれる。環境が多様であるということは、それだけナンバー1になれる条件が増えるということになる。つまり、強くないさまざまな生物にとって、ニッチを獲得するチャンスが増えるのである。

先述の野球の例では、野球でナンバー1になるだけでなく、打率やベースランニングでナンバー1になる例を示したが、これが野球だけでなく、サッカーや陸上など種目が増えれば、ナンバー1になるチャンスが増える。美術や音楽などスポーツ以外のジャンルも増えれば、ますますチャンスが増えることだろう。

そのため、安定した条件よりも、変化をする不安定な条件の方が、生物種が増えることがある。つまり、より多くの生物にナンバー1になれるチャンスが与えられるのだ。

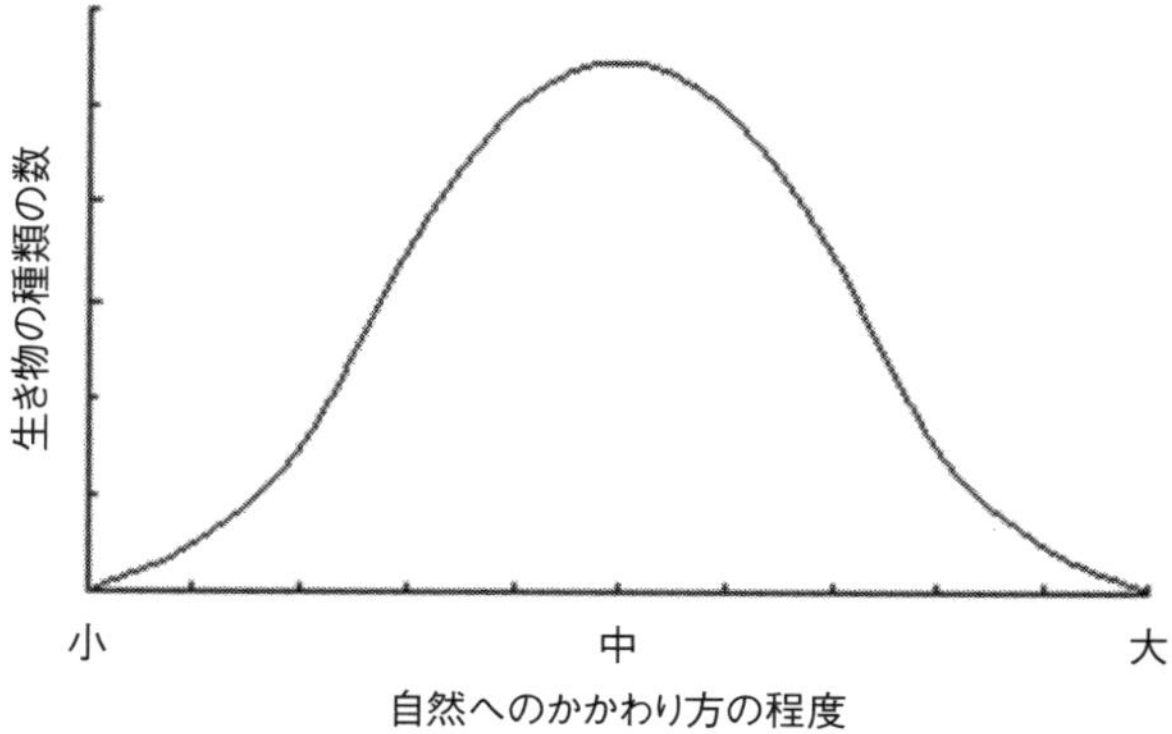

図5-3　コネルが提唱した「中程度攪乱仮説」。生物の種類は、適度な自然へのかかわり方で最大となる。

複雑な環境にチャンスは宿る

アメリカの生態学者コネルが提唱した「中程度攪乱仮説」は、このことをよく説明する説である。

図５－３は横軸に攪乱の程度を表している。攪乱というのは、かき乱すという意味で、生物にとって急激な環境の変化を意味する言葉である。つまり、右へ行くほど、環境が大きく変化しているということになる。

一方、縦軸はその環境で生息する生き物の種類を表している。

図の右側の部分を見てみよう。

攪乱が大きくなればなるほど、つまり右へいけばいくほど、生息できる生き物の数は少なくなる。あまりに変化が大きすぎると、大きな変化に対応できなくなってしまうのだ。

これに対して、図の左側の部分を見ると、撹乱程度が小さくなっても、やはり生息できる生物の種類は少なくなる。

安定した環境では、激しい競争が起こる。そして、競争に強い生物のみが生き残り、弱い者は滅びていく。そのため結果的に、生息できる生物の数は減ってしまうのである。

一方、ある程度、撹乱がある不安定な条件では、必ずしも強いものが勝つとは限らない。そして、変化によって起こった様々な環境に、多くの種類の生物が生息する。そのため、撹乱がある方が、生息できる生物の種類は増えるのである。

変化が起こるということは、いやなものである。それが予測不能な変化であるとすればなおさらだ。しかし、「ピンチはチャンス」の言葉どおり、変化のある不安定な環境の方が、多くの生物にとってチャンスなのである。

★第五章のまとめ　逃げたっていい、戦わなくていい

植物の戦略は、Cタイプ（競争型）、Sタイプ（ストレス耐性型）、Rタイプ（撹乱適応型）の三つに分けられていた。

このうち、Cタイプは競争に強い植物の戦略である。一方、SタイプとRタイプは、競争に弱い植物の戦略である。

SタイプとRタイプは、「戦わない戦略」であるとも言える。SタイプとRタイプは、競争に弱いので、強い植物が生えることのできないような場所に、生存の場所を求めているのである。

何も正面からぶつからなければいけないということはない。逃げ出したっていいし、戦わなくても良いのだ。

戦いを選ばずに「戦わない戦略」は、若い読者の皆さんには、何とも情けない戦略に思えるかも知れない。しかし、そうだろうか。

植物は、ただ逃げているわけではない。

Sタイプの植物は、強い植物との競争からは逃げているかも知れないが、ストレスのある過酷な環境と戦っている。Rタイプの植物もまた、変化の激しい撹乱と戦っている。自分が弱いところでは戦わない。しかし、自分の強みが発揮できるところでは、しっかりと戦っている。要は、「どこで勝負するか」ということなのだ。生物学では、強みを発揮し、ナンバー1になれる場所を「ニッチ」と呼んだ。

たとえば、ノーベル賞を受賞された山中伸弥さんは、医師を志したが、自分は整形外科医に向いていないと研究者に転向して、世界的な功績を上げた。医師として頑張るという道からは逃げたのかも知れないが、研究者として勝負している。

「戦う」とは、「戦う場所を選ぶ」ことなのだ。

それでは、六章、七章では、競争に弱いSタイプとRタイプの植物が、どのように自らの強みを発揮しているのか、見てみることにしよう。

第六章　植物は乾燥にどう打ち克つか？——弱くて強いサボテンの話

江戸時代の『説法詞料鈔《しょう》』という本に次のような一節がある。

「たとえば田畑の植物は日照りには枯れ、雨降れば育つなり。これは人力によりて植えたるゆえなり。路辺に生いたる春草は、土により自然《じねん》に生じて人力によらず。かかるがゆえに大地のうるおいのゆえに日照りに枯るることなし」

人間が丹精を込めて育てている作物が干ばつで枯れていくのに、誰も水をやらない道ばたの雑草が青々と繁《しげ》っているというのである。

どうして、雑草は日照りに枯れなかったのだろうか。植物は、どのように乾燥と戦っているのだろうか。

根はどこまで伸びる

植物は、地面の下に根っこを伸ばす。

それでは、どれくらい根っこを伸ばしているのだろうか。

ライムギというイネ科の植物を縦横三〇センチ×深さ五〇センチの木箱に植えて調べた研究例がある。ライムギは、草丈が一、二メートルになるイネ科の草本である。このライムギが伸ばした根っこを、すべてつなぎ合わせるとすると、どれくらいの長さになるだろうか。

一〇メートルだろうか？　一〇〇メートルだろうか？

もちろん、そんなものではない。驚くことに、木箱の中にあったライムギの根は、六二〇キロメートルにもなったという。六二〇キロというと、東京から大阪、神戸を越えて姫路くらいまで達するような距離である。小さなライムギは、地面の下にこんなにも根っこを伸ばしているのである。さらに、根から出ている細かい根毛まで含めると一万一二〇〇キロメートルにもなったという。これは地球の直径にも届きそうな距離だ。

ライムギもすごいが、これを調べた人も相当にすごい。これを「根性」と呼ぶのだろう。「根性」「根はいい人」というように、私たちも「根」は大切なものであると知っている。しかし、植物はそれくらいしっかりと根を伸ばしているのである。

根はいつ伸びる

それでは、根はいつ伸びるのだろうか?

水が豊富にある環境では、植物の根は、意外に成長しない。たとえば、小学校などでヒヤシンスやクロッカスを水栽培した経験はないだろうか。植物を水栽培すると根っこはあまり伸びない。太い根っこが何本か伸びるだけで、細かい根っこはほとんど生えてこない。水が簡単に吸えるために、必要最低限しか根を張らないのである。

それでは、水がないところではどうだろう。水が不足すると、植物の成長は制限されるはずである。しかし一般に、地上部の成長に比べて地下の根の成長はあまり鈍くならない。そして、地上部の成長は制限されるので、相対的に茎や葉よりも根の量が多い植物体となる。それどころか、乾燥した条件では、植物の根は著しく成長することが観察される。水がない時こそ、根は水を求めて地中深く根を伸ばし、たくさんの根毛を発達させて、四方八方に根を張り巡らせるのである。根にとっては、干された時こそ成長する時でもあるのだ。

冒頭の雑草が青々としていた秘密は、まさにここにある。

作物は毎日、水を与えられているが、雑草には水をやる人がいない。常に乾燥と戦っている雑草は、根の伸び方が違うのである。この深く張った根が、日照りのときに力を発揮するのだ。

植物には、目に見える成長と目に見えない成長とがある。地面の下の根っこの成長は目に見えない。しかし、その根っここそが植物の強さなのである。

砂漠の植物の根っこ

砂漠の植物は、どのように根を張っているのだろうか。

砂漠にも、アカシアなどの一〇メートルにもなるような大木が生えている。どうして、水のない砂漠で、こんなにも大きな体を維持することができるのだろうか。じつはその秘密は地面の下にある。砂漠の木々は五〇メートルほども地下にまで根を伸ばしている。そして、地中深くの水脈から水を吸い上げているのである。

しかし、大きな木は地中から吸い上げればいいが、根が水脈に達するまでの間は、どうすれば良いのだろうか。

雨の少ない砂漠では、地面の中には水がない。しかし、気温の寒暖差が激しい砂漠では、夜の間に霧が出たり夜露が下りたりする。また、乾燥地帯に降った雨は、瞬く間に乾いてしまうが、雨が降った直後であれば、地表面に留まっている。そこで、小さな木々の苗は、地表面に近い浅いところに根を張り、水分を集めているのである。

砂漠の植物というとサボテンが有名だが、サボテンも根はごく浅い。こうして地表面の水を集めているのである。根っこも、ただ伸ばせば良いというものではない。どの方向に根を伸ばすかも戦略的でなければならないのだ。

どこで勝負するか？

サボテンというのは、奇妙な植物である。

そもそも、どうしてサボテンは砂漠のような過酷な環境を好んでいるのだろうか。

前章では、弱い植物の戦略の一つとして、ストレスに強いSタイプを紹介した。サボテンは、Sタイプの典型である。

植物にとって、水は生存に不可欠なものの一つである。

ところが、サボテンはわざわざ雨の少ない砂漠や乾燥地に生えている。このような過酷な環境では、競争に強い植物は実力を出すどころか、生えることさえできない。そのため、サボテンは強い植物との競争を避けて、このような過酷な環境を選んで生えているのである。つまりは「戦わない戦略」である。

しかし勝負から逃げているわけではない。他の植物との競争は避けているが、乾燥という過酷な敵と戦っている。

前章ですでに紹介したように、すべての生物は「ナンバー1になれるオンリー1の場所」を持っている。無理をして強い植物と競い合う必要はないが、自分の得意な分野を見つけて、どこかでは勝負しなければならない。それが、サボテンにとっては、乾燥地帯に挑戦するということだったのだ。

サボテンにトゲがある理由

サボテンには、たくさんのトゲがある。このトゲは何のためにあるのだろうか。

理由の一つは、動物の食害から身を守るためのものである。乾燥地帯には草食動物のエサとなる植物が少ないから、草食動物に狙われやすい。さらに、水のない環境では、食べられた茎や葉をすぐに再生するということもできないから、食べられるとダメージが大きい。そのため、トゲで身を守っているのである。

しかし、それだけではない。

サボテンのトゲは葉が変化したものである。葉を広げていると葉の表面から貴重な水が蒸発していってしまう。そのため、葉の表面積を最少にするために、葉をトゲのように細く変化させているのである。

水分の蒸発を防ぐのであれば、トゲの数は少ない方が良いが、サボテンは必要以上にトゲが密生している気もする。不思議なことに、サボテンはトゲをすべて取り除いてしまうと、茎の温度が上がってしまうという。じつはサボテンのトゲには、茎の温度を下げるという役割もあるのだ。

その仕組みはこうである。サボテンはトゲを密生させることで光を錯乱させて、茎に光が当たらないようにしている。さらに、細いトゲの先端に空気中の水分が吸着して温度を下げる効果もあるという。サボテンのトゲは、まさに砂漠で生きるためのものだったのである。

このようにして葉をトゲのように変化させたサボテンだが、葉は光合成をするための器官だから、トゲのような葉では光合成をすることができない。そこで、サボテンは茎で光合成をしている。

また、サボテンは茎が太い。この太い茎の中に水を蓄える仕組みになっているのである。中には、玉サボテンと呼ばれるまん丸い球状の形をしたサボテンもある。この丸い形にも理由がある。サボテンは茎の中に水を蓄えているが、茎の表面からは水が蒸発してしまう。水を蓄えようと茎を太らせると、どうしても表面積が大きくなってしまうから、蒸発する水の量も多くなる。

体積に対して表面積がもっとも少ない形は、球である。水を蓄えながら表面積を小さくするためには、丸い形が最適である。そのため、サボテンの中には、まん丸い形をしたものが多いのである。

ターボエンジンでパワーアップ

しかし、問題は残る。

葉の表面を少なくし、葉の表面を固くコーティングすることによって、水の蒸発を防いでも、気孔から蒸散によって水分が逃げ出してしまうのだ。

植物が生きていくためには、光合成をしなければならない。光合成は、二酸化炭素と水からエネルギーの源となる糖を作りだすことである。この二酸化炭素を取り込むために、植物は気孔という葉にある換気口を開くのだ。ところが、気孔を開いて二酸化炭素を取り込もうとすると、気孔から大切な水分が蒸発していってしまうのである。

どのようにして、この問題を解決すれば良いのだろうか。

ここではサボテンから一度離れて、植物の光合成の仕組みについて復習していくことにしよう。

光合成をすれば気孔から水分が逃げて行ってしまう。

この問題を解決するために登場したのが、C_4植物と呼ばれる植物である。C_4植物はC_4回路という光合成の仕組みをもつ植物である。C_4植物は、特定の植物の仲間に見られるわけではなく、単子葉植物や双子葉植物などさまざまな植物に見られる。このことから、C_4植物の光合成の仕組みは、多元的に進化してきたと考えられている。

C_4植物に対して、一般的な光合成を行う植物はC_3植物と呼ばれている。一般に植物は

C_3回路というシステムで光合成を行っている。C_4植物もC_3回路で光合成を行っているが、C_4植物は、C_3回路に加えて、C_4回路を持っているのである（図6－1）。

C_4回路は自動車のターボエンジンのイメージに似ている。

ターボエンジンは、ターボチャージャーで空気を圧縮して、大量の空気をエンジンに送り込み、出力をあげるしくみである。

光合成のC_4回路も同じような役割を担っている。つまり、C_4回路は取り込んだ二酸化炭素を炭素が四つついたリンゴ酸などのC_4の化合物にする。そして、それをC_3回路に送り込むのである。つまり、炭素を圧縮しているような感じになるのだ。これにより、C_4植物は、高い光合成能力を発揮することができるのである。

C_4植物が乾燥に強い理由

このような仕組みを持つ植物は、けっして特別な存在ではない。

たとえば、トウモロコシは代表的なC_4植物である。また、ねこじゃらしの別名で知られるエノコログサなどイネ科の雑草もC_4植物のものが多い。これらのC_4植物は、乾燥に強いという特徴を備えている。夏の炎天下でもトウモロコシが青々と茂っていたり、道ばたの

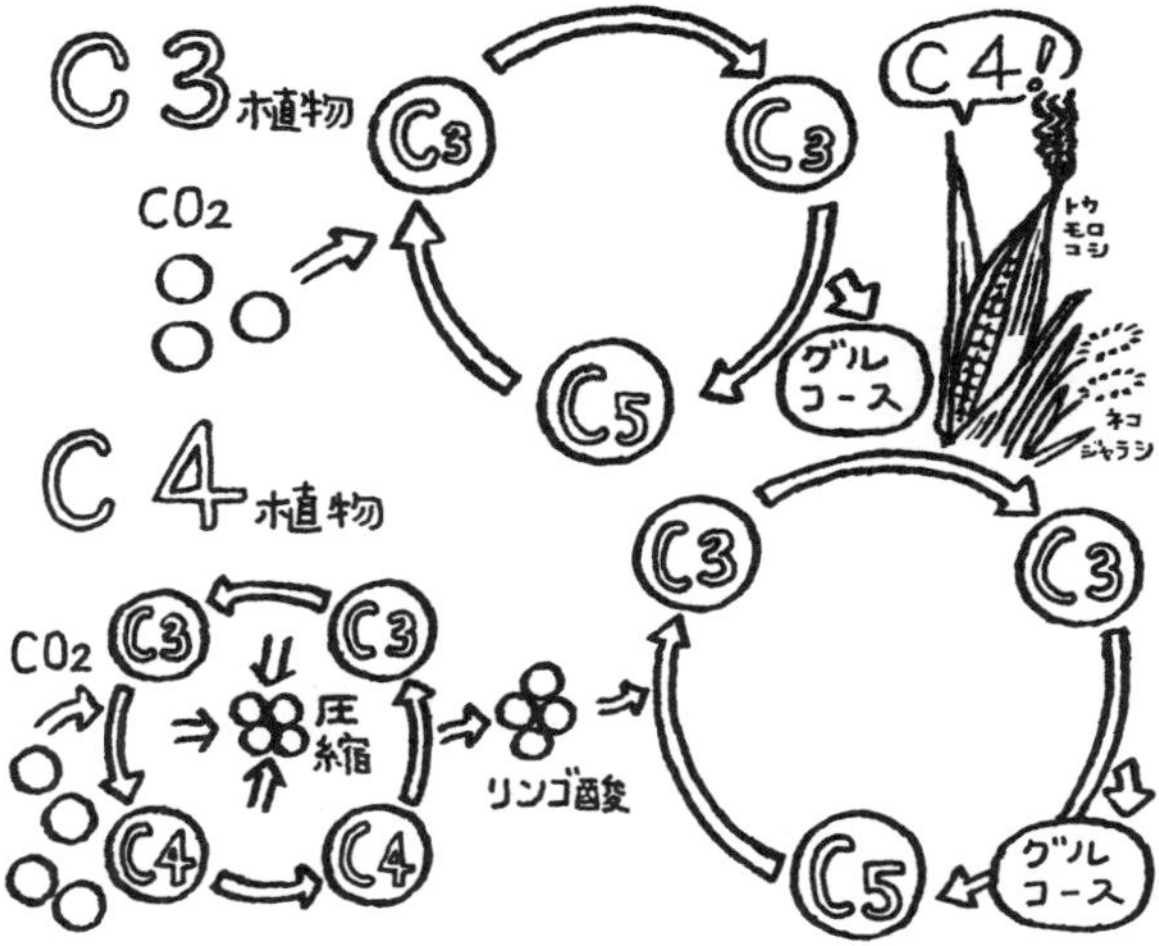

図6-1　C_3植物とC_4植物の光合成の仕組みの違い

イネ科の雑草が萎《しお》れることなく元気なのは、C_4植物だからなのである。

それでは、どうしてC_4植物は乾燥に強いのだろうか。

C_4植物は、気孔を開いたときに取り入れた二酸化炭素を、そのまま使うのではなく、一度、C_4の化合物にする。つまり炭素を濃縮させることによって、一度に、たくさんの二酸化炭素を取り入れることができるのである。そのため、気孔を開く回数を少なくすることができる。気孔を開かなければ、水分が蒸散しないから、その分だけ水が逃げ出すのを防ぐことができるのである。

そのため、C_4植物は乾燥に対して、強さを発揮することができるのだ。

C_4植物の欠点

ターボエンジンが高速走行でその持ち味を発揮するのと同じように、高性能のC_4光合成は、夏の高温と強い日差しの下でその高いポテンシャルを発揮する。

光合成を行う上では、光は不可欠である。光が強ければ強いほど、光合成量が高まっていく。しかし、あまりに光が強すぎると、光合成の能力を超えてしまい、光合成量が頭打ちになってしまう。これ以上、光が強くなっても光合成量は高まらないという光の強さを光飽和点と呼ぶ。ちょうど、アクセルをどんなに踏んでもパワーがあがらずスピードの出ない車のような感じだろうか。

しかし、C_4植物は違う。C_4植物は光が強くなっても蓄積したC_4の化合物の炭素を使って、どんどん光合成を行っていくことができる。そのため、C_4植物はC_3植物に比べて光飽和点は高い。

そんなに良いのならば、すべての植物がC_4植物に進化しても良さそうなものだが、実際にはそうはならない。じつは世界の植物の、およそ九割が、C_4回路を持たないC_3植物である。

じつは、C_4植物には欠点がある。

エンジン全開の高速運転では能力を発揮するスポーツカーも、渋滞のノロノロ運転では燃費が悪いだけだ。

C_4植物も同じ問題を抱えている。気温が高く、光が強い条件では光合成の能力を最大限に発揮する。しかし、温度が低かったり、光が弱いと、どんなに二酸化炭素を送り込んでも光合成能力が上がらない。それどころか、C_4回路を動かすためにもエネルギーが必要だから、その光合成効率はC_3植物よりも劣ってしまうのである。そのため、C_4植物は熱帯地域で圧倒的な優位性を発揮するものの、温帯地域では必ずしも優位性を発揮できるわけではない。

ツインカムエンジンの登場

C_4回路は、乾燥に強い優れた光合成システムである。

しかし、サボテンはさらに乾燥に強い仕組みを持っている。

自動車のエンジンでは、ツインカムというシステムがある。

エンジン性能にとって重要な部品に吸排気バルブの開閉にかかわるＣＡＭ（カム）がある。このカムを吸気用と排気用に分けて、二本のカムシャフトを装着した高性能エンジンが、いわゆるツインカムである。

じつは、サボテンが持つ、乾燥地仕様の高性能な光合成システムもＣＡＭと呼ばれている（図６－２）。もっとも植物のＣＡＭは「ベンケイソウ型有機酸代謝（Crassulacean Acid Metabolism）」という言葉の略だから、言葉が似ているのはまったくの偶然である。

C_4植物は、C_4回路に濃縮して二酸化炭素を効率よく取り入れることができるため、気孔の開閉を最小限に抑えることができる。しかし、それでも気孔を開くときに、水分が失われてしまう。

そこで登場するのが、ＣＡＭである。

光合成は太陽の光がある昼間に行われる。そのため、植物は、二酸化炭素を取り入れるために、昼間に気孔を開閉している。しかし、昼間は気温も高いため、気孔を開くと、水分が蒸散していってしまう。

そこで、ＣＡＭ植物は、気温が低い夜間に気孔を開くようにした。それ以外は、C_4植物と同じである。取り込んだ二酸化炭素はC_4回路に蓄積する。そして、昼間は気孔を完全に

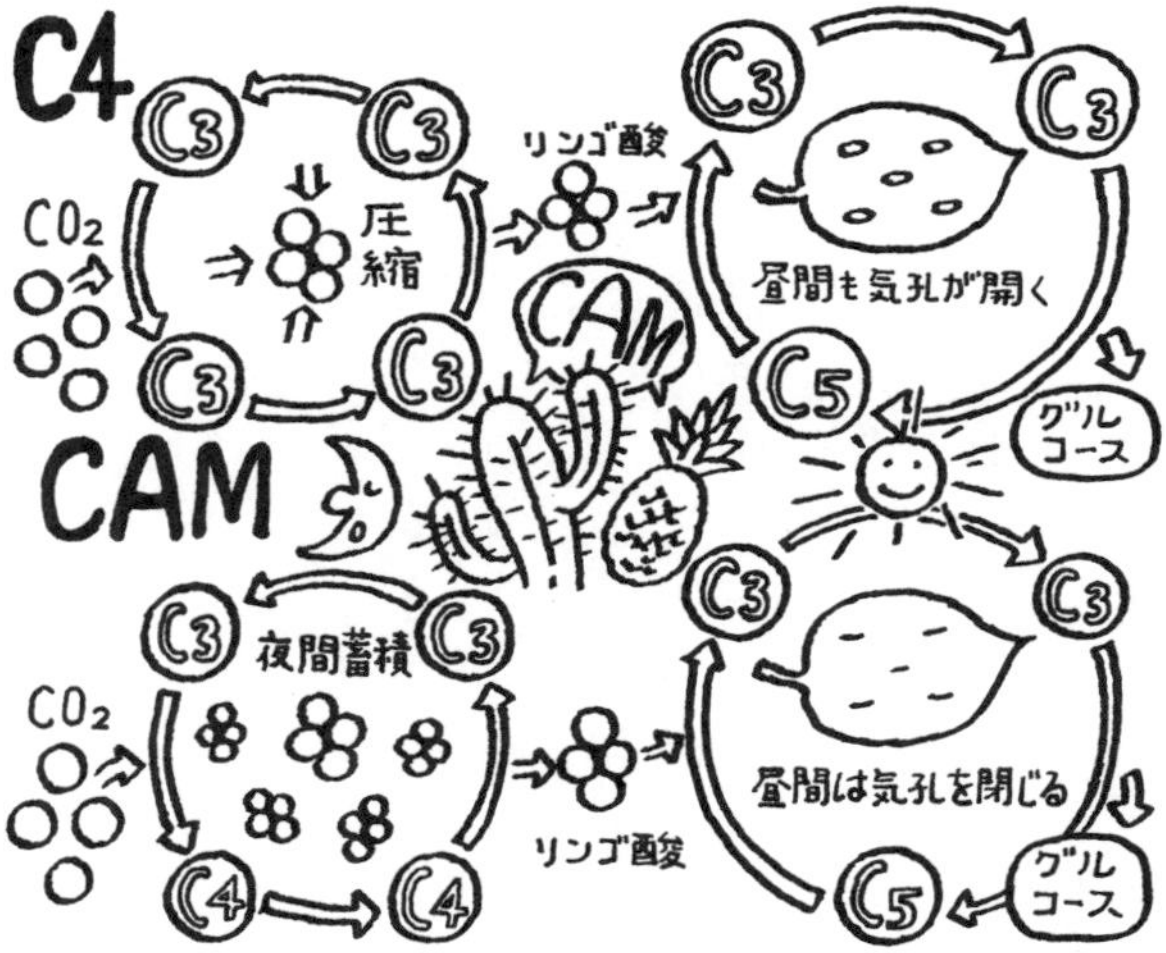

図6-2　サボテンが持つ、乾燥地仕様の高性能な光合成システム「CAM」

閉じて、蓄えた炭素を利用して光合成を行うのである。こうして、昼と夜とでシステムを使い分けることによって水分の蒸発を抑えることに成功したのだ。

　このシステムは、夜の間に夜間電力で氷や温水を作って熱エネルギーを蓄え、昼間に利用する深夜電気温水器と、よく似たアイデアと言えるかも知れない。

　サボテンなど乾燥地の植物は、このCAMという光合成システムによって、乾燥に対する耐性を高めているのである。

　サボテンの他にも、ベンケイソウの

仲間やパイナップルなどが代表的なＣＡＭ植物である。

サボテンに見る収斂《しゅうれん》進化

サボテンはサボテン科の植物である。

しかし、サボテン科以外でもサボテンとよく似た植物がある。

たとえば、アロエは、サボテンのように多肉化して水分を蓄えるようになっている。そして、トゲのようなもので植物体の周りを覆っているのである。しかし、アロエはサボテン科の植物ではない。意外に思えるかも知れないが、アロエはユリ科の植物なのである。

しかし、アロエはユリというよりも何となくサボテンに似ている。

まったく異なる生物種なのに、環境に適応して進化した結果、よく似た姿になることを「収斂進化」と呼んでいる。たとえば、サメは魚類でイルカは哺乳類だが、水の中を速く泳ぐという進化を遂げた結果、よく似たような形になっている。モグラは哺乳類でケラは昆虫と、まったく違う生物だが、地中生活に適応した結果、モグラとケラは、地面を掘るための良く似た前足をしている。これらが「収斂進化」の例である。

このような収斂進化は、植物でも起こる。

乾燥地帯で適した形というのは、ある程度、決まっている。ユリの仲間であるアロエも乾燥地帯で進化をした結果、サボテンと同じような形に進化を遂げたのである。

貧栄養で発達した食虫植物

乾燥地帯ではないが、栄養分の少ない土壌で特殊な進化を遂げた植物もある。

雨が少ない砂漠でも、雨を待ち続ければ水分を得ることができる。また、わずかな夜露を集めれば水分を得ることができる。しかし、土壌中の栄養分はどうにもならない。貧栄養な場所で、植物はどのように栄養分を得て、成長をすれば良いのだろうか。

この貧栄養の土地で進化をしたのが、食虫植物である。

食虫植物は、虫を捕えては、消化吸収する。そして、虫から栄養分を得るのである。

虫の捕え方はさまざまである。あるものは、葉の形を変化させて筒状にしたり、壺《つぼ》のような形にして、落とし穴のように虫を落とす。そして、消化液で虫を消化してしまうのである。よく知られた食虫植物ではサラセニアやウツボカズラなどがこの形で、虫を捕える。

あるいは虫がとまると葉が閉じてつかまえるハエトリソウのように、特殊な罠《わな》で虫を捕獲するものもある。また、モウセンゴケのように葉が粘液を分泌していて、昆虫を捕えるものもある。食虫植物の昆虫の捕え方は、大きく分けると、落とし穴、罠、粘着液の三つの方法に分類できるだろう。

じつは、ひと口に食虫植物といっても、その分類はさまざまである。たとえば、サラセニアはサラセニア科の植物であるし、ウツボカズラはウツボカズラ科の植物である。また、ハエトリソウは、ハエトリソウ科の植物であるし、モウセンゴケはモウセンゴケ科の植物である。実際に食虫植物と呼ばれる植物は、一二の科に属しているとされている。

さまざまな植物が、貧栄養条件に置かれたときに、虫を捕えて栄養を摂《と》るという同じアイデアにたどりついた。そして、虫の捕え方も似たような形に収斂進化をしているのである。

どうして、食虫植物がわざわざ、栄養のないような厳しい土壌環境を選んで生えているのか、読者の皆さんはもうお分かりだろう。

栄養分の豊富な土壌は、植物の生育には適しているが、ライバルとなる植物が多すぎて、勝ち抜くことが難しい。そこで、食虫植物は、他の植物が生えることのできないような貧栄養な土壌環境をわざわざ選んで生えているのである。食虫植物もまた、Sタイプの戦略家なのだ。

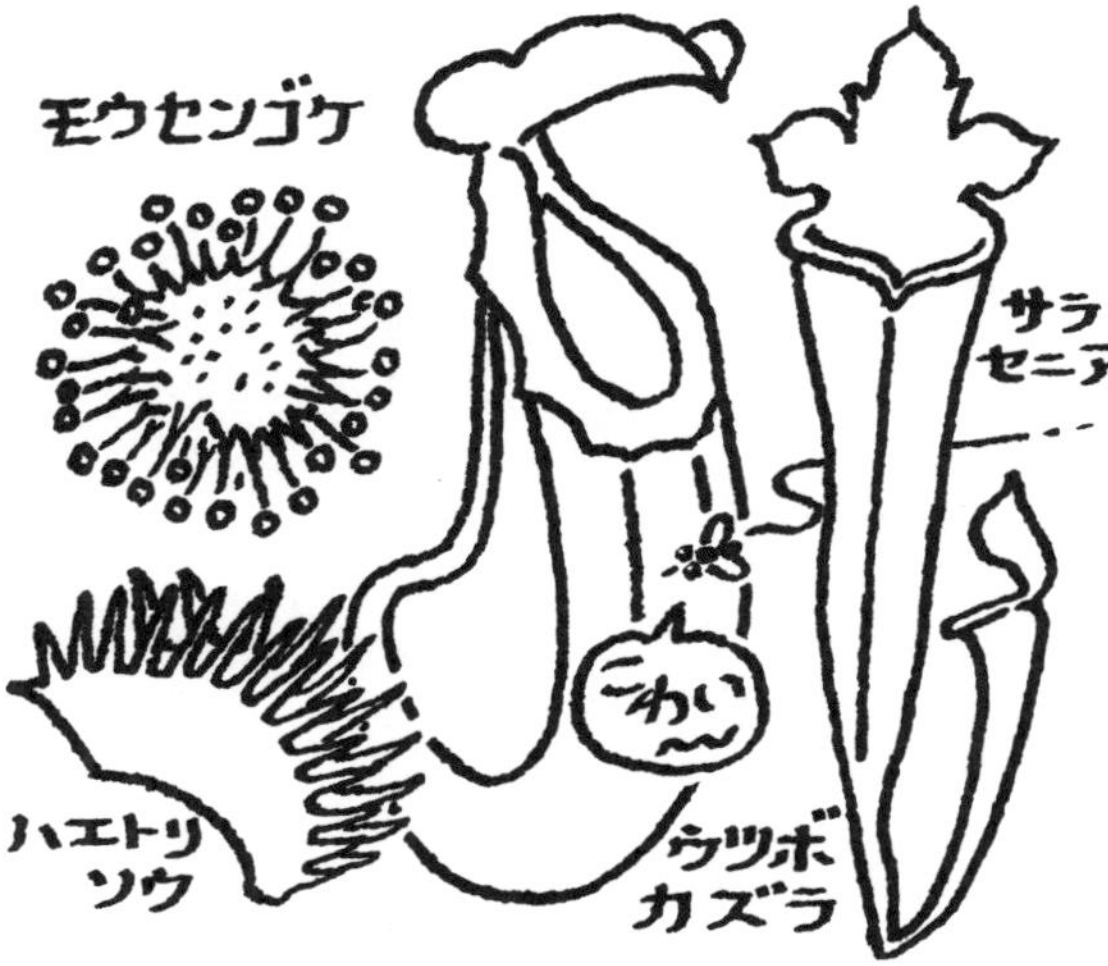
モウセンゴケ
サラ
セニア
こわい
〜〜
ハエトリ
ソウ
ウツボ
カズラ

★第六章のまとめ　ストレスと戦う

植物は、常にストレスにさらされている。

陽《ひ》の光が陰ることもストレスだし、気温が低いこともストレスである。栄養分が少ないことも、水が足りないこともストレスである。

植物は動けないから、その土地で芽生えれば、その場所で生きるしかない。環境に文句を言っても環境は変わらない。環境は変えられないのだから、自らが変わるしかない。こうして、植物は環境をありのままに受け入れることで、さまざまに進化を遂げてきたのだ。

とはいえ、過酷な環境に耐えなければならないというものでもない。

たとえば、乾燥ストレスに対する植物の対応は、大きく三つに分かれる。それは、「逃避」、「回避」、「耐性」である。

たとえば、乾燥から逃れるために球根等で土の中で休眠する。これが「逃避」である。ストレスをまともに受ける必要はない。ただ、やり過ごせば良いだけなのだ。

また、根を張って水分不足にならないように、準備しておく方法もある。これが「回避」である。想定外のストレスはダメージが大きいが、あらかじめストレスを想定して心づもりをしておけば、それは大きなストレスではなくなるのである。

そして、水を節約して乾燥に耐えるのが、「耐性」である。耐性とはいっても、ただ、歯を食いしばって耐えているわけではない。気孔を閉じたり、糖を蓄積して浸透圧を調整しながら、水分が逃げないように工夫するのである。

植物は動くことができない。しかし、そんな植物にとってもストレスは、耐え忍ばなければならないものではない。逃避、回避、耐性というさまざまな方法を組み合わせ、さまざまな工夫を織り交ぜながら、ストレスと付き合っているのである。

いやなことから逃げることだって、生きる上では立派な戦略なのだ。

第七章　雑草は本当にたくましいのか？――弱くて強い雑草の話

皆さんは、「雑草」と呼ばれる植物に、どのようなイメージを持つだろうか。抜いても抜いても生えてくる雑草に「やっかい」「困り者」というイメージを持つ人も多いだろう。あるいは、雑草に「たくましさ」を感じる人もいるかも知れない。いずれにしても、雑草は強いというイメージがある。

しかし、本当にそうだろうか。じつは、植物学の分野では、雑草は強い植物であるとはされていない。それどころか、むしろ弱い植物であるとされているのである。

それなのに、私たちの周りに生えている雑草は、どう見ても弱そうには見えない。弱い植物である雑草が、どうして強く振る舞っているのだろうか。

雑草が弱いというのは、他の植物との競争に弱いということである。雑草は第五章で紹介したグライムの分類では、Rタイプの代表的なものであると言われている。つまり、攪乱《かくらん》適応型である。そのため、競争に強い植物が生えることのできないような、攪乱の起こる場所に分布する。それが、耕されるような田畑であったり、草刈りが行われる公園や土手であったり、よく踏まれる道ばただったりするのである。

この本の最後に、弱い雑草が強く生きる秘密を見てみることにしよう。

雑草の成功戦略

雑草の成功戦略を一言でいえば「逆境×変化×多様性」であるだろうと私は考えている。それでは、逆境と変化と多様性という三つの要素について、それぞれ見ていくことにしよう。

「逆境」とは「逆境をプラスに転じる力」である。

たとえば、踏まれながら生きることは、多くの人が雑草に持つイメージだろう。

中でもオオバコという雑草の戦略は秀逸である。オオバコは、舗装されていない道路やグラウンドなど、踏まれやすい場所によく生えている。じつは、オオバコは踏まれやすい場所に好んで生えているのである。

オオバコは競争に弱い植物なので、他の植物が生えるような場所には生息できない。そこで、他の強い植物が生えることのできないような、踏まれる場所を選んで生えているのである。

オオバコは踏まれに強い構造を持っている。

オオバコの葉は、とても柔らかい。硬い葉は、踏まれた衝撃で傷つきやすいが、柔らかい葉で衝撃を吸収するようになっているのである。しかし、柔らかいだけの葉では、踏まれたときにちぎれてしまう。そこで、オオバコは葉の中に硬い筋を持っている。このように、柔らかさと硬さを併せ持っているところが、オオバコが踏まれに強い秘密である。

茎は、葉とは逆に外側が硬くなかなか切れない。しかし、茎の内側は柔らかいスポンジ状になっていて、とてもしなやかである。茎もまた硬さと柔らかさを併せ持つことによって、踏まれに強くなっているのである。

ヘルメットが、外は固いが中はクッションがあって柔らかいのと、まったく同じ構造なのである。

柔らかさが強さ

「柔よく剛を制す」という言葉がある。

見るからに強そうなものが強いとは限らない。柔らかく見えるものが強いことがあるかも知れないのである。

昆虫学者として有名なファーブルは、じつは『ファーブル植物記』もしたためている。その植物記のなかで、ヨシとカシの木の物語が出てくる。

ヨシは水辺に生える細い草である。ヨシは突風に倒れそうになったカシの木にこう語りかける。カシはいかにも立派な大木だ。しかし、ヨシはカシに向かってこう語りかける。「私はあなたほど風が怖くない。折れないように身をかがめるからね」

日本には「柳に風」ということわざがある。カシのような大木は頑強だが、強風が来たときには持ちこたえられずに折れてしまう。ところが、細くて弱そうに見える柳の枝は風になびいて折れることはない。弱そうに見えるヨシが、強い風で折れてしまったという話は聞かない。柔らかく外からの力をかわすことは、強情に力くらべをするよりもずっと強いのである。

柔らかいことが強いということは、若い読者の方にはわかりにくいかも知れない。正面から風を受け止めて、それでも負けないことこそが、本当の強さである。ヨシのように強い力になびくことは、ずるい生き方だと若い皆さんは思うことだろう。

しかし、風が吹くこともまた自然の節理である。風は風で吹き抜けなければならない。自然の力に逆らうよりも、自然に従って自分を活《い》かすことが大切である。

この自然を受け入れられる「柔らかさこそ」が、本当の強さなのである。

逆境をプラスに変える

オオバコは、柔らかさと硬さを併せ持って、踏まれに強い構造をしている。

しかし、オオバコのすごいところは、踏まれに対して強いというだけではない。

オオバコの種子は、雨などの水に濡れるとゼリー状の粘着液を出して膨張する。そして、人間の靴や動物の足にくっついて、種子が運ばれるようになっているのである。オオバコの学名は*Plantago*。これは、足の裏で運ぶという意味である。タンポポが風に乗せて種子を運ぶように、オオバコは踏まれることで、種子を運ぶのである。

よく、道に沿ってどこまでもオオバコが生えているようすを見かけるが、それは、種子が車のタイヤなどについて広がっているからなのだ。

こうなると、オオバコにとって踏まれることは、耐えることでも、克服すべきことでもない。もはや踏まれないと困るくらいまでに、踏まれることを利用しているのである。

「逆境をプラスに変える」というと、「物事を良い方向に考えよう」というポジティブシンキングを思い出す人もいるかも知れない。

しかし、雑草の戦略は、そんな気休めのものではない。もっと具体的に、逆境を利用して成功するのである。

たとえば、雑草が生えるような場所は、草刈りされたり、耕されたりする。ふつうに考えれば、草刈りや耕起は、植物にとっては生存を危ぶまれるような大事件である。しかし、雑草は違う。草刈りや耕起をして、茎がちぎれちぎれに切断されてしまうと、ちぎれた断片の一つ一つが根を出し、新たな芽を出して再生する。つまり、ちぎれちぎれになったことによって、雑草は増えてしまうのである。

また、きれいに草むしりをしたつもりでも、しばらくすると、一斉に雑草が芽を出してくることもある。じつは、地面の下には、膨大な雑草の種子が芽を出すチャンスを伺っている。一般に種子は、暗いところで発芽をする性質を持っているものが多いが、雑草の種子は光が当たると芽を出すものが多い。

草むしりをして、土がひっくり返されると、土の中に光が差し込む。光が当たるということは、ライバルとなる他の雑草が取り除かれたという合図でもある。そのため、地面の下の雑草の種子は、チャンス到来とばかりに我先にと芽を出し始めるのである。

こうして、きれいに草取りをしたと思っても、それを合図にたくさんの雑草の種子が芽を出して、結果的に雑草が増えてしまうのである。

草刈りや草むしりは、雑草を除去するための作業だから、雑草の生存にとっては逆境だが、雑草はそれを逆手に取って、増殖してしまうのである。何というしつこい存在なのだろう。

雑草をなくす方法

そんなしつこい雑草をなくす方法など、あるのだろうか。

じつは、一つだけ雑草をなくす方法があると言われている。それは、あろうことか「雑草をとらないこと」だという。

雑草は、草刈りや草取りなど逆境によって繁殖する。草取りをやめてしまえば、雑草だけでなく、さまざまな植物が生えてくる。そうなると、競争に弱い雑草は、立つ瀬がない。だんだんと大きな草が生え、やがて、灌木《かんぼく》が生えてくる。そして、長い年月を経て、森となっていくのである。人の手が入らなければ、いわゆる「遷移」が起こるのである。競争に弱い雑草は、大型の植物や木々が生い茂る場所では、生存することができない。そして、ついに雑草はなくなってしまうのである。

本当に雑草は弱くて強い存在であり、また強くて弱い存在なのだ。

もっとも、首尾よく雑草はなくなったとしても、そこはうっそうとした森になってしまうから、畑や庭の雑草をなくす方法としては現実的ではない。

冬も味方につける

第五章の一三七ページでは、日本タンポポが他の植物に先駆けて、花を咲かせることを紹介した。このように、小さな雑草の中には、春先に花を咲かせることで成功するものが多い。しかし、春に花を咲かせるためには、必要なことがある。それは冬の間も葉を広げるということである。春に花を咲かせる植物たちは、寒い冬の間も葉を広げている。そして、光合成で得た栄養分を、蓄えていくのだ。

寒い冬に、霜に当たりながら、葉を広げることは植物にとって簡単なことではない。本当は温かな土の中で種子で眠っていた方が、ずっと安全である。しかし、春になって地面の下で眠っていた種子たちが起きだすころには、冬の間も葉を広げていた小さな雑草たちは、蓄えた栄養分で一気に花を咲かせる。そして、他の植物が伸びる前に、さっさと種子を残してしまうのである。

まだ肌寒い中に花を咲かせている小さな野の花に、私たちは春の訪れを感じる。しかし、私たちに春の訪れを感じさせてくれる野の花たちは、必ず、冬の間も葉を広げていた者たちである。

これらの植物にとって、冬は耐える季節ではない。強い植物が土の中で眠っている冬という季節があるからこそ、彼らは花を咲かせ、成功することができる。

もし、一年中、暖かで快適な気候だったとしたら、小さな野の花たちが花を咲かせることはできなかったかも知れない。そうだとすれば、寒い冬は、春に咲く小さな野の花にとって、不可欠なものであるとも言える。そして、冬の寒さこそが成功のために味方なのである。

逆境は味方である

「ピンチはチャンス」という言葉がある。逆境を逆手に取って利用する雑草の成功を見れば、その言葉は説得力を持って私たちに響いてくることだろう。

ピンチとチャンスは同じ顔をしているのである。

生きていく限り、全ての生命は、何度となく困難な逆境に直面する。雑草は自ら逆境の多い場所を選んだ植物である。しかし、逆境のまったくない環境などあるのだろうか。雑草がこれだけ広くはびこっているのを見れば、自然界は逆境であふれていることがわかるだろう。

逆境に生きるのは雑草ばかりではない。私たちの人生にも逆境に出くわす場面は無数にある。そんな時、私たちは道ばたにひっそりと花をつける雑草の姿に、自らの人生を照らし合わせてセンチメンタルになるかもしれない。しかし、雑草は逆境にこそ生きる道を選んだ植物である。そして逆境に生きる知恵を進化させた植物である。

けっして演歌の歌詞のようにしおれそうになりながら耐えている訳でもないし、スポ根漫画の主人公のようにただ歯を食いしばって頑張っているわけでもない。雑草の生き方はもっとたくましく、そしてしたたかなのである。

「逆境は敵ではない、味方である。」これこそが、雑草の成功戦略の真骨頂と言えるだろう。

幾多の逆境を乗り越えて雑草は生存の知恵を獲得し、驚異的な進化を成し遂げた。逆境こそが彼らを強くしたのである。そして、逆境によって強くなれるのは雑草ばかりでない。私たちもまた逆境を恐れないことできっと強くなれるはずなのである。

「ピンチはチャンス。」

ゆめゆめ逆境を恐れてはいけないのだ。

変化する力

「逆境×変化×多様性」。雑草の成功の方程式の二つ目のキーワードは「変化」である。

二九ページですでに紹介したように、植物は動物に比べると大きさが自由自在である。

第一章の最後にも書いたが、植物の変化する能力を「可塑性」という。可塑性の大きい植物の中でも、特に雑草は可塑性が大きいとされている。雑草は環境に合わせて、自在に大きさを変化させることができるのである。

同じ種類の雑草であっても、大きい個体は一メートルを超えるような大きさになるのに、わずか数センチの個体が花を咲かせているということもある。

このようなサイズの違いは、雑草以外の植物でも見られるが、雑草の場合は大きな特徴がある。それは、どんなにサイズが小さくても花を咲かせるということである。

私たちが育てる野菜や花壇の花は、生育が悪いと小さなままで花を咲かせることはできない。しかし、雑草は違う。どんなに劣悪な条件で、小さな個体であったとしても、花を咲かせ、実を結ぶのである。

いつでもベストを尽くす

逆境の中でもたくましく花を咲かせる小さな雑草は、多くの人の雑草のイメージに合うだろう。しかし、雑草の可塑性の重要性はそれだけではない。

雑草学者として著名なベーカーは論文「雑草の進化（The evolution of weeds）」の中で「理想的な雑草」の条件として一二の項目を挙げているが、その中には以下のようなものがある。

「不良環境下でも幾らかの種子を生産することができる」

しかし、雑草のすごいところは、これだけではない。

ベーカーの理想的な雑草の中には次のような項目もある。

「好適条件下では生育可能な限り、長期にわたって種子生産する」

つまり、条件が悪くても種子をつけるが、条件が良い場合には、たくさん種子を生産するというのである。当たり前のように思えるかも知れないが、これはなかなか難しい。私たちが栽培する野菜や花壇の花では、肥料をやりすぎると茎や葉ばかりが茂って、肝心の花が咲かなかったり、実が少なくなってしまったりする。植物にとってもっとも大切な、種子を残すということを忘れてしまうかのようだ。

しかし、雑草は違う。条件が悪い場合にも、最大限のパフォーマンスで種子を生産するが、条件が良い場合にもまた、最大限のパフォーマンスで種子を生産するというのである。

自分の持っている資源を、どの程度、種子生産に分配するかという指標を「繁殖分配率」というが、雑草は、個体サイズにかかわらず繁殖分配率が最適になることが知られている。

人間でもそうだが、条件が悪いときや逆境の中にあるときは頑張れるが、条件が恵まれているときに最大限の実力を発揮することは、かえって難しい。

条件が悪くても、条件が良くても、そこで得られる最大限の種子を残す。これこそが、雑草の強さの秘密なのである。

臨機応変に変化する

ヒメムカシヨモギという雑草は、道ばたや空き地、畑などあらゆる場所によく見られるキク科の雑草である。草丈は一メートルほどにもなるし、どこにでも生えているが、花も小さく目立たないせいか、目にとめる人は少ない。まさに、「名もなき草」の代表格と言えるだろう。

このヒメムカシヨモギは、本来は一メートルくらいの草丈になる比較的、大きな雑草だが、条件が悪いやせた土地では、まるで別の種類の雑草であるかのように、一〇センチ程度の小さな個体になる。

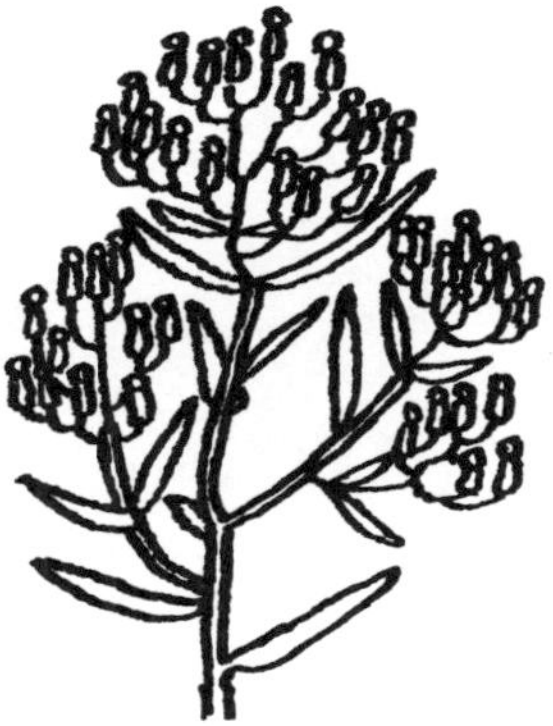

ヒメムカシヨモギ

それだけではない。ヒメムカシヨモギは環境に応じて生活サイクルまで変化させてしまうのだ。

花壇に植える草花には一年草と越年草という種類がある。一年草は春に芽を出して秋には枯れてしまう種類であり、越年草は秋に芽を出して、冬を越して成長する種類である。花壇の草花の場合は、一年草か越年草かは、植物の種類によって決まっている。しかし、ヒメムカシヨモギは環境に応じて、一年草になったり、越年草になったりするのである。

ヒメムカシヨモギは、もともとは秋に芽生える越年草である。そして冬の間、葉を広げて栄養分を蓄えると、春から夏にかけて成長し、花を咲かせるのである。

しかし、攪乱の大きい場所では、ゆっくりと生長して花を咲かせている余裕はない。そこで、春から夏にかけて発芽し、数週間の間に成長して花を咲かせてしまうのである。つまり、一年草として生活をしているのだ。

また、ヒメムカシヨモギは北米原産の雑草だが、現在では世界中に広がっている。冬のない熱帯地域では、越冬の必要がないから、もっぱら一年草として暮らしているらしい。

こうして、臨機応変に、その生き方さえも変化させているのである。

陣地を守るか広げるか

雑草の空間の利用の仕方は、大きく「陣地拡大型戦略」と「陣地強化型戦略」の二つがあると言われている。

「陣地拡大型」は、横へ横へと生育しながら自分の占有するテリトリーを広げていく戦略である。一方の「陣地強化型」は、テリトリーを顕示して他の植物の侵入を防ぐ戦略である。

雑草の種類によって、横に茎を這《は》わせていく陣地拡大型と、上へ上へと伸びて競争力を高める陣地強化型とに分けられる。それでは、陣地拡大型と陣地強化型は、どちらが有利なのだろうか。

じつは、メヒシバやツユクサなど、しつこいとされる雑草の中には「中間型戦略」と呼ばれる戦略を取っている。陣地拡大型と陣地強化型がどちらが有利かは、状況によって異なる。そこで、中間型戦略の雑草は、二つの戦略を使い分けるのである。

中間型の雑草は、ライバルがいない条件では陣地拡大型を選択し、地面を這って横に伸びながらテリトリーを次々に拡大していく。しかし、競争相手が現れるとなると、一転して立ち上がり、上へと伸びながらテリトリーでの競争力を高める陣地強化型を選択するのだ。陣地を広げるか、それとも守るか。状況に対応して使い分けることが、中間型の雑草をしつこい雑草たらしめているのである。

変化するために必要なこと

植物は動物に比べて可塑性が大きい。それは、どうしてだろうか。

動物は自由に動くことができるので、エサやねぐらを求めて移動することができる。しかし、植物は、動くことができない。そのため、生息する環境を選ぶことができないのだ。その環境が生存や生育に適さないとしても文句を言うこともできないし、逃げることもできない。その環境を受け入れるしかないのだ。

そして、環境が変えられないとすれば、どうすれば良いのだろうか。環境が変えられないのであれば、環境に合わせて、自分自身が変化するしかない。だから、植物は動物に比べて「変化する力」が大きいのである。

植物の中でも雑草は可塑性が大きく、自由自在に変化することができる。この「変化する力」にとって、もっとも重要なことは何だろうか。

それは「変化しないことである」と私は思う。

植物にとって重要なことは、花を咲かせて種子を残すことにある。ここはぶれることはない。種子を生産するという目的は明確だから、目的までの行き方は自由に選ぶことができる。だからこそ雑草は、サイズを変化させたり、ライフサイクルを変化させたり、伸び方も変化させることができるのである。

つまり、生きていく上で「変えてよいもの」と「変えてはいけないもの」がある。

環境は変化していくのであれば、雑草はまた変化し続けなければならない。しかし、変化しなければならないとすれば、それだけ「変化しないもの」が大切になるのである。

雑草は踏まれたら立ち上がらない

踏まれても踏まれても立ち上がる。

これが、多くの人が雑草に対して抱く一般的なイメージだろう。人々は、踏まれても負けずに立ち上がる雑草の生き方に、自らの人生を重ね合わせて、勇気付けられる。

しかし、実際には違う。雑草は踏まれたら立ち上がらない。確かに一度や二度、踏まれたくらいなら、雑草は立ちあがってくるが、何度も踏まれれば、雑草はやがて立ち上がらなくなるのである。

雑草魂というには、あまりにも情けないと思うかも知れないが、そうではない。

そもそも、どうして立ち上がらなければならないのだろうか。

雑草にとって、もっとも重要なことは何だろうか。それは、花を咲かせて種子を残すことにある。そうであるとすれば、踏まれても踏まれても立ち上がるという無駄なことにエネルギーを使うよりも、踏まれながらどうやって種子を残そうかと考える方が、ずっと合理的である。だから、雑草は踏まれながらも、最大限のエネルギーを使って、花を咲かせ、確実に種子を残すのである。まさに「変えてはいけないもの」がわかっているのだろう。努力の方向を間違えることはないのだ。

踏まれても踏まれても立ち上がるという根性論よりも、雑草の生き方はずっとしたたかなのである。

★第七章のまとめ　雑草をシンボルにした日本人

日本の家には、代々続く「家紋」と呼ばれるものがある。

古くから人気の高い家紋で、日本の五大紋の一つにも数えられているものに「かたばみ紋」と呼ばれるものがある。かたばみ紋は、特に、戦国武将が好んで用いていた。

しかし、不思議なことがある。

かたばみ紋のモチーフとなったカタバミは、けっして珍しい植物ではない。道ばたや畑など、どこにでもあるありふれた雑草である。しかも草丈は一〇センチにも満たないような小さな雑草であるし、花も直径三センチほどのほんの小さな花である。御世辞にも美しい花とは言えないし、松竹梅のようにめでたい植物とも言えない。

どうして、こんなにもつまらない雑草が、武家が好むような立派な家紋として利用さ

れたのだろうか。

戦国武将にとって、大切なことは、家を絶やすことなく、繁栄させていくことにあった。

どこにでも生えているカタバミは、じつにしつこい雑草である。抜いても抜いてもなくならないし、そこら中に種子をばらまいて広がっていく。戦国武将たちは、この小さな雑草のしぶとさに、自らの子子孫孫までの家の繁栄を重ねたのである。

カタバミは、けっして強そうな植物には見えない。しかし、戦国武将たちは、そのカタバミの強さを知っていたのである。

かたばみ紋

日本では「雑草魂」や「雑草軍団」という言い方をする。やっかいな邪魔者である雑草を、ほめ言葉に使うのは日本人くらいのものである。日本人は雑草を観察し、雑草の強さを見ていたのである。
カタバミに限らず、日本の家紋は植物をモチーフにしたものが多い。
虎や龍など、強そうな生き物はいくらでもある中で、植物をシンボルとして選んでいるのである。

見るからに強そうな生き物ではなく、何事にも動じず静かに凛《りん》と立つ植物に日本人は強さを感じた。私たちの祖先は「本当の強さとは何か」を知っていたのかも知れない。

おわりに

中高生の皆さんにとっては、「生物学」は暗記科目という印象が強いかもしれない。確かに生物学は覚えなければならないことが多い。計算すれば答えが出るという科目でもない。しかし、競争を勝ち抜き、環境の変化を生き残ってきた生き物の生き方というのは、じつに合理的である。皆さんが暗記する生物学の事柄には、すべて合理的な意味があるのである。その理由がわかれば、生物学はむやみに暗記する科目ではないことがわかるだろう。

残念なことに、生物学の中でも、植物学はとくに人気がないようだ。

昆虫や魚や鳥や動物たちは、ダイナミックな暮らしぶりを見せるから、人気がある。これに対して、植物は動くこともなく、何となく生えているように見えるかも知れない。しかし、動けない植物の暮らしこそ、本当は、ダイナミックでドラマチックなのだ。

自然界は強い者が生き残り、弱いものは滅びると言われている。それは真実である。しかし、強さには、さまざまな強さがある。だからこそ、さまざまな生物がこの世の中を生きているのだ。

本当はこの世に生を受け、今を生きる存在に弱いものなどいない。しかし強さとは何かを読み間違えると、自分がいかにも弱い存在のように思えてしまうときもある。

とくに人間は、生物の中では頭が良すぎるので、余計なことを考えて悩み苦しんだり、散々考えた挙げ句に判断を間違えたりする。人間は横を見て暮らしているから、余計なことが気になるのだろう。その点、植物の生き方はシンプルだ。植物は上を向いて暮らしているから太陽しか目に入らない。太陽が照っているというだけで、十分に幸せなことだし、太陽の光を受けているというだけで、十分、生きている実感は得られるものなのだ。「この世に生を受けて生きる」ということは、本当は、これだけのことなのではないかと思う。

人間の偉人の中には、天と向きあって天命にしたがって生きるなどと気取っている者もいるが、それは意外と、植物の生き方に近いのかもしれない。

人間たちも、難しい顔をして、生物学を暗記するのもいいが、たまには、我々といっしょに空でも眺めてみてはどうだろう。あなたたち人間も私たち植物も、「生きている」ということには、そんなに違いはないのだから。

じつは、この文章は、公園に生えていた雑草が、私に教えてくれた話を代筆したものです。

この本は若い人に向けて書いたものです。この本の最後に、若い皆さんには、私が植物から教わったことをぜひ伝えたいと思いました。

植物と話をしているなんて気持ち悪いと思うかもしれません。植物の生き方に学ぶなんてオジサン臭くてダサいと思うかも知れません。

しかし、もし生きることに迷ったら、ぜひ弱くとも強く生きる植物たちを見てあげてください。そして、植物たちといっしょに空を見上げてみても悪くないのかもしれません。

筑摩書房の四條詠子さんには、本書を企画いただくとともに、出版にあたりお世話になりました。お礼申し上げます。

◎**参考文献**

上田恵介『花・鳥・虫のしがらみ進化論——「共進化」を考える』築地書館、一九九五年
鈴木英治『植物はなぜ5000年も生きるのか——寿命からみた動物と植物のちがい』講談社ブルーバックス、二〇〇二年
西田治文『植物のたどってきた道』NHKブックス、一九九八年
浅間一男、木村達明『植物の進化——陸に上がった植物のあゆみ』講談社ブルーバックス、一九七七年
前川文夫『植物の進化を探る』岩波新書、一九六九年
浅間一男『植物の進化生物学4　被子植物の起源』三省堂、一九七五年
吉田邦久『好きになる生物学』(第二版)、講談社、二〇一二年
稲垣栄洋『雑草に学ぶ「ルデラル」な生き方』亜紀書房、二〇一二年
春田敏郎『砂漠のサボテンも本当は雨を待っている——やさしい植物生態学』、PHP研究所、一九九二年
稲垣栄洋『たたかう植物』ちくま新書、二〇一五年

稲垣栄洋『雑草は踏まれても諦めない――逆境を生き抜くための成功戦略』中公新書ラクレ、二〇一二年
田中修『ふしぎの植物学――身近な緑の知恵と仕事』中公新書、二〇〇三年
藤田昇『ヨシの技・サボテンの術――水を上手に使う植物たち』研成社、一九九五年

ちくまプリマー新書

193
はじめての植物学
——植物たちの生き残り戦略
大場秀章
身の回りにある植物の基本構造と営みを観察してみよう。大地に根を張って暮らさねばならないことゆえの、巧みな植物の「改造」を知り、植物とは何かを考える。

155
生態系は誰のため？
花里孝幸
湖の水質浄化で魚が減るのはなぜ？　湖沼のプランクトンを観察してきた著者が、生態系・生物多様性についての現代人の偏った常識を覆す。生態系の「真実」！

176
きのこの話
新井文彦
小さくて可愛くて不思議な森の住人。立ち枯れの木、倒木、落ち葉、生木にも地面からもにょきにょき。「きのこ目」になって森へ出かけよう！　カラー写真多数。

138
野生動物への2つの視点
——〝虫の目〟と〝鳥の目〟
高槻成紀　南正人
野生動物の絶滅を防ぐには、観察する「虫の目」と、生物界のバランスを考える「鳥の目」が必要だ。〝かわいそう＝保護する〟から一歩ふみこんで考えてみませんか？

036
サルが食いかけでエサを捨てる理由《わけ》
野村潤一郎
人間もキリンも首の骨は7本。祖先が同じモグラにも処女膜がある。人間と雑種ができるサルもいる⁉　——動物を知れば人間もわかる、熱血獣医師渾身の一冊！

ちくまプリマー新書

112 宇宙がよろこぶ生命論 長沼毅
「宇宙生命よ、応答せよ」。数億光年のスケールから粒子の微細な世界まで、とことん「生命」を追いかける知的な宇宙旅行に案内しよう。宇宙論と生命論の幸福な融合。

178 環境負債 ――次世代にこれ以上ツケを回さないために 井田徹治
今の大人は次世代に環境破壊のツケを回している。雪だるま式に増える負債の全容とそれに対する取り組みがこの一冊でざっくりわかり、今後何をすべきか見えてくる。

163 いのちと環境 ――人類は生き残れるか 柳澤桂子
生命にとって環境とは何か。地球に人類が存在する意味、果たすべき役割とは何か――。『いのちと放射能』の著者が生命四〇億年の流れから環境の本当の意味を探る。

247 笑う免疫学 ――自分と他者を区別するふしぎなしくみ 藤田紘一郎
免疫とは異物を排除するためではなく、他の生物との共生のための手段ではないか？ その複雑さから諸刃の剣とも言われる免疫のしくみを、一から楽しく学ぼう！

249 生き物と向き合う仕事 田向健一
獣医学は元々、人類の健康と食を守るための学問だから、動物を救うことが真理ではない。臨床で出合った生き物たちを通じて考える命とは、病気とは、生きるとは？

ちくまプリマー新書

195
宇宙はこう考えられている
――ビッグバンからヒッグス粒子まで
青野由利
ヒッグス粒子の発見が何をもたらすかを皮切りに、宇宙論、天文学、素粒子物理学が私たちの知らない宇宙の真理にどのようにせまってきているかを分り易く解説する。

054
われわれはどこへ行くのか?
松井孝典
われわれとは何か? 文明とは、環境とは、生命とは? 世界の始まりから人類の運命まで、これ一冊でわかる! 壮大なスケールの、地球学的人間論。

175
系外惑星
――宇宙と生命のナゾを解く
井田茂
銀河系で唯一のはずの生命の星・地球が、宇宙にあふれているとはどういうこと? 理論物理学によって、太陽系外惑星の存在に迫る、エキサイティングな研究最前線。

179
宇宙就職案内
林公代
生活圏は上空三六〇〇〇キロまで広がった。宇宙が職場なのは宇宙飛行士や天文学者ばかりじゃない! 可能性無限大の、仕事場・ビジネスの場としての宇宙を紹介。

250
ニュートリノって何?
――続・宇宙はこう考えられている
青野由利
話題沸騰中のニュートリノ、何がそんなに大事件? 素粒子物理学の基礎に立ち返り、ニュートリノの解明が宇宙の謎にどう迫るのかを楽しくわかりやすく解説する。

ちくまプリマー新書

011 世にも美しい数学入門 藤原正彦 小川洋子

数学者は、「数学は、ただ圧倒的に美しいものです」とはっきり言い切る。作家は、想像力に裏打ちされた鋭い質問によって、美しさの核心に迫っていく。

115 キュートな数学名作問題集 小島寛之

数学嫌い脱出の第一歩は良問との出会いから。「注目すべきツボ」に届く力を身につければ、ものごとの本質を見抜く力に応用できる。めくるめく数学の世界へ、いざ！

157 つまずき克服！ 数学学習法 高橋一雄

数学が苦手なすべての人へ。算数から中学数学、高校数学へと階段を登る際、どこで、なぜつまずいたのかを自己チェック。今後どう数学と向き合えばよいかがわかる。

187 はじまりの数学 野﨑昭弘

なぜ数学を学ばなければいけないのか。その経緯を人類史から問い直し、現代数学の三つの武器を明らかにして、その使い方をやさしく楽しく伝授する。壮大な入門書。

018 数え方でみがく日本語 飯田朝子

なぜチャンスは一回ではなく一度？ どれ位細いものから一本と数える？ 「学年一個上」は正しい？ 雑学ではなく、数え方を通して日本語のものの捉え方を知る本。

ちくまプリマー新書

012
人類と建築の歴史
藤森照信
母なる大地と父なる太陽への祈りが建築を誕生させた。人類が建築を生み出し、現代建築にまで変化させていく過程を、ダイナミックに追跡する画期的な建築史。

038
おはようからおやすみまでの科学
佐倉統
古田ゆかり
毎日の「便利」な生活は科学技術があってこそ。料理も洗濯も、ゲームも電話も、視点を変えると楽しい発見がたくさん。幸せに暮らすための科学との付き合い方とは？

044
おいしさを科学する
伏木亨
料理の基本にはダシがある。私たちがその味わいを欲してやまないのはなぜか？　その理由を生理的、文化的知見から分析することで、おいしさそのものの秘密に迫る。

101
地学のツボ
――地球と宇宙の不思議をさぐる
鎌田浩毅
地震、火山など災害から身を守るには？　地球や宇宙の起源に迫る「私たちとは何か」。実用的、本質的な問いを一挙に学ぶ。理解のツボが一目でわかる図版資料満載。

114
ALMA電波望遠鏡　＊カラー版
石黒正人
光では見られなかった遠方宇宙の姿を、高い解像度で映し出す電波望遠鏡。物質進化や銀河系、太陽系、生命の起源に迫る壮大な国際プロジェクト。本邦初公開！

ちくまプリマー新書

120
文系？　理系？
――人生を豊かにするヒント
志村史夫
「自分は文系（理系）人間」と決めつけてはもったいない。素直に自然を見ればこんなに感動的な現象に満ちている。「文理（芸）融合」精神で本当に豊かな人生を。

166
フジモリ式建築入門
藤森照信
建築物はどこにでもある身近なものだが、改めて「建築とは何か？」と考えてみるとこれがムズカシイ。ヨーロッパと日本の建築史をひもときながらその本質に迫る本。

177
なぜ男は女より多く産まれるのか
――絶滅回避の進化論
吉村仁
すべては「生き残り」のため。競争に勝つ強い者ではなく、環境変動に対応できた者のみ絶滅を避けられるのだ。素数ゼミの謎を解き明かした著者が贈る、新しい進化論。

183
生きづらさはどこから来るか
――進化心理学で考える
石川幹人
現代の私たちの中に残る、狩猟採集時代の心。環境に適応しようとして齟齬をきたす時「生きづらさ」となって表れる。進化心理学で解く「生きづらさ」の秘密。

205
「流域地図」の作り方
――川から地球を考える
岸由二
近所の川の源流から河口まで、水の流れを追って「流域地図」を作ってみよう。「流域地図」で大地の連なり、水の流れ、都市と自然の共存までが見えてくる！

ちくまプリマー新書

059
データはウソをつく
——科学的な社会調査の方法
谷岡一郎
正しい手順や方法が用いられないと、データは妖怪のように化けてしまうことがある。本書では、世にあふれる数字や情報の中から、本物を見分けるコツを伝授する。

136
高校生からのゲーム理論
松井彰彦
ゲーム理論とは人と人とのつながりに根ざした学問である——環境問題、いじめ、三国志など多様なテーマからその本質に迫る、ゲーム理論的に考えるための入門書。

080
「見えざる手」が経済を動かす
池上彰
市場経済は万能？　会社は誰のもの？　格差問題の解決策は？　経済に関するすべてのギモンに答えます！「見えざる手」で世の中が見えてくる。待望の超入門書。

094
景気ってなんだろう
岩田規久男
景気はなぜ良くなったり悪くなったりするのだろう？アメリカのサブプライムローン問題が、なぜ世界金融危機につながるのか？　景気変動の疑問をわかりやすく解説。

100
経済学はこう考える
根井雅弘
なぜ経済学を学ぶのか？「冷静な頭脳と温かい心」「豊富のなかの貧困」など、経済学者らは様々な名言を残してきた。彼らの苦闘のあとを辿り、経済学の魅力に迫る。

ちくまプリマー新書

185 地域を豊かにする働き方
――被災地復興から見えてきたこと
関満博
大量生産・大量消費・大量廃棄で疲弊した地域社会に、私たちは新しいモデルを作り出せるのか。地域産業の発展に身を捧げ、被災地の現場を渡り歩いた著者が語る。

192 ソーシャルワーカーという仕事
宮本節子
ソーシャルワーカーってなにをしているの？ 70年代から第一線で活躍してきたパイオニアが、自らの経験を迫力いっぱいで語り「人を助ける仕事」の醍醐味を伝授。

196 「働く」ために必要なこと
――就労不安定にならないために
品川裕香
就職してもすぐ辞める。次が見つからない。どうしたらいいかわからない。……安定して仕事をし続けるために必要なことは何か。現場からのアドバイス。

240 フリーランスで生きるということ
川井龍介
仕事も生活も自由な反面、不安や責任も負う覚悟がいるフリーランス。四苦八苦しながらも生き生きと仕事に取り組む人たちに学ぶ、自分の働き方を選び取るヒント。

244 ふるさとを元気にする仕事
山崎亮
さびれる商店街、荒廃する里山、失われるつながり。転換期にあるふるさとを元気にするために、できることはなにか。「ふるさとの担い手」に贈る再生のヒント。

ちくまプリマー新書

243
完全独学！無敵の英語勉強法
横山雅彦
受験英語ほど使える英語はない！「ロジカル・リーディング」を修得すれば、どんな英文も読めて、ネイティブとも渡り合えるようになる。独学英語勉強法の決定版。

051
これが正しい！英語学習法
斎藤兆史《よしふみ》
英語の達人になるには、文法や読解など、基本の学習が欠かせない。「通じるだけ」を超えて、英語の楽しみを知りたい人たちへ、確かな力が身につく学習法を伝授。

097
英語は多読が一番！
クリストファー・ベルトン
渡辺順子訳
英語を楽しく学ぶには、物語の本をたくさん読むのが一番です。単語の意味を推測する方法から、レベル別本の選び方まで、いますぐ実践できる、最良の英語習得法。

144
英文法練習帳
晴山陽一
複雑微妙でモヤモヤの多い英文法。でも「3の法則」を身につければスッキリ覚えられる！　練習問題を気楽に解きながら、英文法の森に足取り軽く分け入っていこう。

194
ネイティブに伝わる「シンプル英作文」
デイビッド・セイン
森田修
学校で習った英作文を、ネイティブとコミュニケーションする時どう活かすか。文法、語法の勘所を押さえつつ、相手に伝えるための「シンプル英作文」のコツを伝授！

ちくまプリマー新書

226 何のために「学ぶ」のか
——〈中学生からの大学講義〉1
外山滋比古
前田英樹
今福龍太
大事なのは知識じゃない。正解のない問いを、考え続けるための知恵である。変化の激しい時代を生きる若い人たちへ、学びの達人たちが語る、心に響くメッセージ。

227 考える方法
——〈中学生からの大学講義〉2
永井均
池内了
管啓次郎
世の中には、言葉で表現できないことや答えのない問題がたくさんある。簡単に結論に飛びつかないために、考える達人が物事を解きほぐすことの豊かさを伝える。

228 科学は未来をひらく
——〈中学生からの大学講義〉3
村上陽一郎
中村桂子
佐藤勝彦
宇宙はいつ始まったのか？　生き物はどうして生きているのか？　科学は長い間、多くの疑問に挑み続けている。第一線で活躍する著者たちが広くて深い世界に誘う。

229 揺らぐ世界
——〈中学生からの大学講義〉4
立花隆
岡真理
橋爪大三郎
紛争、格差、環境問題……。世界はいまも多くの問題を抱えて揺らぐ。これらを理解するための視点は、どうすれば身につくのか。多彩な先生たちが示すヒント。

230 生き抜く力を身につける
——〈中学生からの大学講義〉5
大澤真幸
北田暁大
多木浩二
いくらでも選択肢のあるこの社会で、私たちは息苦しさを感じている。既存の枠組みを超えてきた先人達から、見取り図のない時代を生きるサバイバル技術を学ぼう！

chikuma primer shinsho

ちくまプリマー新書252

植物《しょくぶつ》はなぜ動《うご》かないのか　弱《よわ》くて強《つよ》い植物《しょくぶつ》のはなし

二〇一六年四月十日　初版第一刷発行
二〇二五年二月五日　初版第十五刷発行

著者　稲垣栄洋（いながき・ひでひろ）

装幀　クラフト・エヴィング商會
発行者　増田健史
発行所　株式会社筑摩書房
東京都台東区蔵前二－五－三　〒一一一－八七五五
電話番号　〇三－五六八七－二六〇一（代表）

印刷・製本　中央精版印刷株式会社

ISBN978-4-480-68957-3 C0245 Printed in Japan
©INAGAKI HIDEHIRO 2016

乱丁・落丁本の場合は、送料小社負担でお取り替えいたします。

本書をコピー、スキャニング等の方法により無許諾で複製することは、法令に規定された場合を除いて禁止されています。請負業者等の第三者によるデジタル化は一切認められていませんので、ご注意ください。